LES SECRETS

DE

LA NATURE

PAR E. CAMPAGNE

Avec gravures dans le texte

ROUEN

MÉGARD ET Cie, LIBRAIRES-ÉDITEURS

BIBLIOTHÈQUE MORALE

DE

LA JEUNESSE

—

1re SÉRIE GR. IN-8° JÉSUS

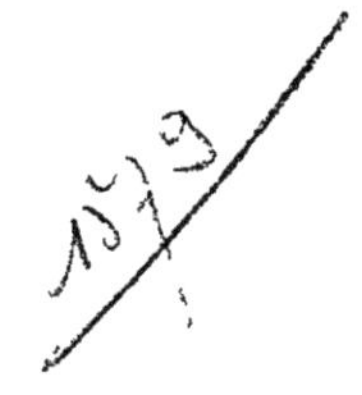

La nature nous offre des merveilles qui nous confondent.

LES SECRETS

DE

LA NATURE

PAR E. CAMPAGNE

Avec gravures dans le texte

ROUEN

MÉGARD ET Cie, LIBRAIRES-ÉDITEURS

1882

INTRODUCTION.

Dès que les hommes veulent approfondir les choses et pénétrer les causes des effets dont ils sont témoins, ils se voient forcés de reconnaître combien leur entendement est faible et borné. La connaissance que nous avons de la nature ne s'étend guère qu'à quelques-uns des effets que nous avons le plus souvent sous les yeux. Mais quelles sont les causes de ces effets? Comment s'opèrent-ils? C'est presque toujours pour nous un mystère impénétrable. Il y a même, dans la nature, mille effets qui restent cachés à nos yeux; et dans ceux que nous sommes en état d'expliquer, il se mêle pour l'ordinaire une certaine obscurité qui nous fait souvenir que nous sommes des hommes.

Nous entendons le vent souffler, nous éprouvons ses différents effets ; mais nous ne savons pas au juste ce qui le produit, ce qui augmente sa violence et ce qui l'apaise. D'une graine nous voyons sortir de l'herbe, des tuyaux, des épis ; mais nous ignorons comment cela s'opère. Nous comprenons encore moins comment, d'un noyau très-petit, naît une plante, puis un grand arbre, à l'ombre duquel les oiseaux font leurs nids, et qui se couvre pour nous de feuilles et de fleurs. Tous les aliments dont nous faisons usage se transforment au dedans de nous par un mécanisme incompréhensible et s'assimilent à notre sang, à notre chair.

Nous sentons le froid ; avons-nous découvert exactement de quelle manière il s'engendre ? Nous sommes plus instruits que nos ancêtres sur les phénomènes du tonnerre ; mais quelle est la nature de cette matière électrique qui se manifeste d'une manière si terrible dans les orages ? Nous savons que l'œil discerne l'image des objets qui ébranlent notre rétine et que l'oreille a la perception des vibrations de l'air ; mais qu'est-ce qu'avoir des perceptions ? et comment cela se fait-il ? Nous avons la conscience de l'existence d'une âme dans notre corps ; mais qui peut expliquer l'union du corps et de l'âme et leur influence réciproque ? Le feu et l'air sont continuellement sous nos yeux ; mais quelle est proprement leur nature ? et comment s'opèrent leurs effets divers ? En un mot, sur la plupart des objets, nous n'avons point de principes sûrs et incontestables : nous en sommes réduits à des conjectures, à des probabilités.

La nature nous offre, à chaque pas, des merveilles qui nous confondent ; et quelques recherches, quelques découvertes que nous ayons faites, il reste toujours mille choses que nous ne saurions comprendre. Quelquefois, il est vrai, on parvient à donner des explications heureuses de certains phénomènes ; mais les premiers principes sont certainement élevés au-dessus de la sphère de notre intelligence.

Pourquoi le Créateur ne nous a-t-il pas donné la faculté de connaître d'une manière plus approfondie les phénomènes du monde corporel? Ne paraît-il pas que les bornes de nos lumières, à cet égard, soient directement contraires au but qu'il s'est proposé? Il veut que nous connaissions ses perfections et que nous rendions gloire à son nom : une connaissance moins superficielle des œuvres de la création ne serait-elle pas un moyen de rendre un plus digne hommage à ses attributs? Si j'étais en état de connaître tout l'ensemble de la création, de bien saisir le degré d'excellence de chacun des êtres qui la composent, de découvrir toutes les lois et tous les rapports de la nature, j'admirerais encore plus, ce semble, la grandeur de Dieu.

Mais il se peut que je me trompe, en raisonnant ainsi. Et dois-je être surpris que, dans mon état actuel, je ne puisse pas découvrir les premiers principes de la nature? Les organes de mes sens ne m'ont point été donnés pour pénétrer dans l'essence des choses; et je ne peux me former une idée juste des objets que mes sens ne sont pas en état de décerner. Or, de ces choses qui ne sauraient être saisies par mes faibles organes, il en est une infinité dans l'univers. Si je veux me représenter les infiniment grands et les infiniment petits dans la nature, mon imagination s'y perd. Lorsque je réfléchis sur la vitesse de la lumière, mes sens ne sont pas capables de suivre une pareille vélocité ; et quand je veux me faire une idée des veines et de la circulation du sang de ces animaux dont on dit que le corps doit être un million de fois plus petit qu'un grain de sable, je conçois toute ma faiblesse. Or, comme la nature s'élève depuis les infiniment petits jusqu'aux infiniment grands, est-il étonnant que je ne puisse en approfondir les vrais principes ?

Mais, supposé que Dieu m'eût doué de la force et de la sagacité nécessaires pour embrasser la liaison et l'ensemble du monde entier, que je pusse pénétrer dans l'intérieur de la nature et en découvrir distinctement les premières lois, qu'en résulterait-il ? Il est vrai que j'aurais occasion d'admirer dans toute son étendue la sagesse de Dieu ; mais ne serait-il pas à craindre que je ne ressemblasse alors à la plupart des hommes qui, dans leur inconstance, n'admirent les choses qu'aussi longtemps qu'elles leur paraissent au-dessus de leurs conceptions ordinaires ?

Je n'ai donc aucun sujet de me plaindre de ce que les connaissances que j'ai de la nature sont si imparfaites ; je dois, au contraire, en bénir le Créateur. Si l'essence des choses m'était plus connue, je pourrais, ou n'être plus suffisamment libre, ou n'être pas aussi touché, aussi reconnaissant que je le suis. Mais à présent que je n'ai, pour ainsi dire, appris que les premiers éléments du grand livre de la nature, je conçois tout à la fois et la grandeur de Dieu et mon propre néant. Chaque observation, chaque découverte me remplit donc d'une nouvelle admiration pour la puissance et la sagesse suprême ; et je sens s'allumer de plus en plus dans mon cœur le désir d'arriver à un autre séjour, où j'aurai, sans danger, une idée plus parfaite du suprême artiste et de ses œuvres.

C'est, sans doute, un devoir de chercher Dieu tel qu'il s'est révélé dans sa divine parole ; mais vous n'embrasserez pas cette révélation dans toute son étendue, si vous n'y joignez cette autre révélation par laquelle il s'est manifesté dans la nature comme le créateur de tout ce qui existe, le bienfaiteur, le père commun de tous les hommes. Ces deux études sont liées étroitement et forment ensemble la seule étude nécessaire.

Quelle occupation plus digne de l'homme, après l'étude de ce qu'il a plu à la Divinité de nous révéler, que celle d'étudier constamment le livre de la nature, pour y apprendre les vérités que nous rappellent l'immense grandeur de Dieu et notre petitesse ! Quelle honte, au contraire, pour un être intelligent que de demeurer inattentif aux merveilles qui l'environnent et d'en être aussi peu touché que le sont les animaux ! Si la raison nous a été donnée, c'est afin que nous nous en servions pour reconnaître les perfections de Dieu dans ses ouvrages et notre destinée sur la terre.

LES

SECRETS DE LA NATURE.

I.

Dieu dans la nature.

Lorsque je contemple le ciel, ses couleurs si vives et si diversifiées, les étoiles qui répandent tant d'éclat, la lumière qui me découvre les objets dont je suis entouré, saisi d'étonnement, je me demande à moi-même : D'où viennent toutes ces choses? Qui a construit la voûte immense des cieux? Qui a placé dans le firmament ces feux innombrables, ces astres qui, d'une si prodigieuse distance, envoient leurs rayons jusqu'à nous?

Qui leur ordonna de se mouvoir avec tant de régularité? Qui a dit au soleil d'éclairer et de fertiliser la terre?

Superbes montagnes, qui vous a établies sur vos fondements? Qui éleva vos têtes jusqu'au-dessus des nues? Qui vous orna de forêts verdoyantes, de ces arbres fruitiers, de ces plantes si utiles et si variées, de tant de fleurs agréables? Qui a couvert vos cimes sourcilleuses de neiges et de glaces, et fait jaillir de vos entrailles ces sources qui humectent et fécondent la terre, ces fleuves majestueux qui portent partout l'abondance et la vie?

Fleurs des champs, qui vous donne cette magnifique parure? Par quel prestige un peu de terre et quelques gouttes d'eau ont-elles produit vos grâces enchanteresses? D'où viennent ces parfums qui nous embaument et nous récréent, ces couleurs brillantes qui réjouissent nos yeux, et que l'art des hommes ne peut imiter?

Et vous, créatures animées qui peuplez et la terre et les eaux, à qui devez-vous votre existence, votre structure, ces instincts si divers et si merveilleux qui étonnent notre raison, et qui sont si appropriés à votre nature et à votre genre de vie?

Mais lorsque, surpris de tant de merveilles, au milieu desquelles mon esprit se perd et se confond, je viens à me replier sur moi-même et à contempler l'homme, qui est comme le centre ici-bas de tous les êtres créés, quelle foule d'autres merveilles plus étonnantes encore vient s'offrir à ma raison et toucher mon cœur! Comment quelques grains de poussière ont-ils pu être transformés en un corps si bien organisé? Comment se fait-il qu'une des parties de ce corps voie les objets qui l'entourent; qu'une autre entende les différents sons qui s'excitent loin d'elle; qu'une troisième jouisse avec délices de tant d'agréables émanations qui, de tous côtés, parfument les airs? A qui dois-je cette précieuse faculté de communiquer à mes semblables mes idées et mes désirs, et d'être rendu participant des leurs? Comment un peu de terre modifiée par d'autres éléments qui s'y combinent, et broyée par mes dents, procure-t-il à mon âme tant de sensations agréables? Et, ce qui est un bienfait plus insigne encore, quelle est cette intelligence dont je suis doué, et qui me met en état de réfléchir sur tout ce qui m'environne, d'en calculer les rapports, d'acquérir une multitude de connaissances, d'être homme enfin?

Le spectacle de la nature a quelque chose de si imposant, il est si intéressant à méditer pour quiconque aime à se nourrir l'esprit de grandes vérités, et le cœur des sentiments les plus doux, qu'on s'étonne avec raison de la froideur de la plupart des hommes pour les œuvres de Dieu.

Cependant, quand on vient à réfléchir sur le peu d'intérêt qu'ils mettent d'ordinaire aux choses qui ne touchent point à leur bien-être corporel et sur les passions diverses qui les agitent, l'étonnement cesse, et l'on conçoit pourquoi Dieu, malgré le langage si énergique du ciel et de la terre, est si souvent méconnu.

L'inattention est une des principales causes de cette indifférence. Accoutumés aux beautés qui s'offrent à nos regards, nous négligeons d'admirer la sagesse dont elles portent l'empreinte; et les avantages sans nombre qui nous en reviennent n'excitent plus notre gratitude. Il n'est que trop d'hommes semblables à l'animal stupide qui se nourrit de l'herbe des prés et se désaltère le long des ruisseaux, sans rechercher d'où lui viennent les biens dont il jouit, et sans soupçonner la main qui les lui prodigue si libéralement. Ainsi, quoique doués des facultés les plus excellentes et comblés des bienfaits de la nature, les hommes ne pensent presque jamais à la source d'où ils émanent, et, lors même que Dieu se manifeste à leur esprit de la manière la plus touchante. ils n'en sont point frappés; l'habitude les rend indifférents et insensibles.

D'autres sont froids sur le spectacle de la nature par ignorance. Combien d'hommes qui n'ont aucune connaissance réfléchie des phénomènes même les plus ordinaires! Tous les jours ils voient le soleil se lever et se coucher; leurs champs sont tantôt humectés par la rosée ou la pluie et tantôt fécondés par la neige; sous leurs yeux, les plus admirables révolutions s'opèrent à chaque printemps; mais, peu jaloux de rechercher les causes et les fins de ces divers phénomènes, ils vivent, à cet égard, dans l'ignorance la plus profonde. Quelque ardeur, il est vrai, que nous mettions à étudier la nature, une multitude de choses demeurent incompréhensibles pour nous; et jamais les bornes de nos lumières ne se découvrent mieux que quand nous entreprenons sérieusement d'approfondir ses opérations. Cependant, il nous serait facile d'en acquérir au moins une connaissance suffisante; et quel est le laboureur qui ne pût comprendre comment il arrive que le grain dont il ensemence son champ, germe, pousse et lui rend cent pour un ?

C'est parce que l'homme n'est occupé que de l'intérêt du moment, qu'il dédaigne l'étude des œuvres de la nature. Les objets qui ne satisfont pas immédiatement, et d'une manière sensible, ses désirs effrénés, il les juge peu dignes de ses réflexions; il connaît même si mal ses vrais intérêts, qu'il est sans attention pour les choses les plus utiles. Le blé est une des plantes les plus indispensablement nécessaires à notre subsistance, et toutefois nous voyons des champs entiers couverts des plus riches moissons, sans daigner y jeter un coup d'œil.

La paresse, si naturelle à l'homme, vient encore à l'appui de l'intérêt. Ami du repos et de la mollesse, voudrait-il dérober quelques heures au sommeil, afin de les donner à la contemplation du ciel? L'indolence lui permettra-t-elle de se procurer le magnifique spectacle du soleil levant? Il dédaignera de se courber vers la terre, pour observer l'art admirable qui se découvre dans la structure de l'herbe. Et ce même homme, si es-

Les premiers patriarches jouissaient des plaisirs innocents de la nature.

clave de ses commodités, est plein d'ardeur quand il s'agit de ses passions. Ce serait un martyre pour l'intempérant que d'être obligé de consacrer à la vue réfléchie d'un beau ciel les heures qu'il consume dans le jeu et dans la débauche, et tel qui ferait plusieurs lieues pour jouir de la présence d'un objet chéri, refusera souvent de faire un pas pour aller observer une singularité de la nature.

Les hommes se fatiguent à inventer des amusements dont ils ne tardent pas à se dégoûter; tandis que la nature, avec une bonté maternelle, offre à tous ses enfants le moins dispendieux, le plus innocent et le plus durable des plaisirs. C'est celui dont jouissaient les premiers patriarches, et notre dépravation seule nous fait rechercher des satisfactions d'un genre différent. Pour peu que l'on conserve l'antique simplicité, il est presque impossible de ne pas trouver des charmes à contempler la nature. Le pauvre, ainsi que le riche, peut se procurer cette jouissance. Mais c'est précisément ce qui en diminue le prix. Insensés que nous sommes! rien ne devrait donner plus de valeur à un bien que la pensée qu'il fait le bonheur de tous nos frères; et nous donnons peu de prix à ce que tous les hommes partagent avec nous.

Combien cependant, auprès de ce plaisir si touchant et si noble, combien sont frivoles et trompeurs ces amusements recherchés que le riche se procure à si grands frais! Uniquement propres à nous arracher à nous-mêmes, ils laissent un vide affreux dans notre âme, et amènent toujours avec eux l'ennui et le dégoût.

Au contraire, la bienfaisante nature offre continuellement de nouveaux objets à nos yeux. Tous les plaisirs qui ne sont l'ouvrage que de notre imagination, ont une courte durée, et sont aussi fugitifs qu'un beau songe, dont l'illusion se détruit au moment du réveil. Les plaisirs de l'esprit et du cœur, ceux que nous goûtons en contemplant les œuvres de Dieu, sont solides et constants, parce qu'ils nous ouvrent une source inépuisable de délices. Le ciel avec tous ses feux, la terre émaillée de fleurs, le chant mélodieux des oiseaux, le doux murmure des fontaines, le cours majestueux d'un fleuve, la diversité des paysages, mille points de vue, tous plus ravissants les uns que les autres, fournissent sans cesse de nouveaux sujets de contentement et de joie; et si nous y sommes insensibles, c'est que nous voyons les œuvres de la nature d'un œil indifférent. La grande science du chrétien consiste à jouir innocemment de tout ce qui l'environne: il possède l'art de se rendre heureux dans toutes les circonstances, à peu de frais, et sans qu'il en coûte à sa vertu.

Nous gagnons, à tous égards, à étudier la nature; et c'est avec raison qu'on peut l'appeler une école pour le cœur, puisqu'elle nous enseigne clairement les devoirs auxquels nous sommes tenus envers Dieu, envers nous-mêmes et envers nos semblables.

II.

Ordonnance du globe terrestre.

Quelque borné que soit l'esprit humain, quelque incapable qu'il soit d'approfondir et de concevoir en entier le plan que le Créateur a exécuté en formant notre globe, nous pouvons néanmoins, par le moyen des sens, et en faisant usage des facultés naturelles dont nous sommes doués, en découvrir assez pour y reconnaître et admirer la sagesse divine. Il suffirait, pour nous en convaincre, de réfléchir sur la figure de la terre. On sait qu'elle est presque semblable à celle d'une boule ; et dans quelle vue le Créateur a-t-il choisi cette forme ? Afin qu'elle pût, dans tous les points de sa surface, être habitée par des créatures vivantes. Dieu n'aurait point atteint ce but, si les habitants de la terre n'avaient pu trouver partout un degré suffisant de chaleur et de lumière, si l'eau n'avait pu facilement se répandre en tous lieux, et si, dans quelque contrée, l'action des vents avait rencontré des obstacles. La terre ne pouvait avoir de figure plus propre à prévenir tous ces inconvénients que celle qui lui a été donnée. Au moyen de cette forme, la lumière et la chaleur, ces deux choses si nécessaires à la vie, se distribuent sur tout le globe. Sans elle, la révolution du jour et de la nuit, les changements dans la température de l'air, le froid, le chaud, la sécheresse et l'humidité n'auraient pu avoir lieu. Que la terre eût été carrée, conique, hexagone, ou de toute autre forme angulaire, une partie de sa surface, et même la plus considérable, aurait été submergée, tandis que l'autre eût langui dans la sécheresse. On doit encore admettre que plusieurs de nos contrées seraient privées à jamais de l'agitation salutaire que procurent les vents, pendant que les autres seraient en proie à des ouragans continuels.

Si je considère ensuite l'énormité de la masse qui compose le globe terrestre, quelle nouvelle raison n'ai-je pas d'admirer la sagesse suprême! Cette terre immensément grande par rapport à nous, infiniment petite en comparaison de l'univers; cette terre qui nous paraît fixée sur elle-même, au milieu de l'espace, à une distance sensiblement égale des différents corps célestes, lesquels font ou paraissent faire chaque jour leur révolution autour d'elle; cette terre est un corps qui, avec une circonférence de neuf mille lieues, et un diamètre de trois mille, présente une surface d'environ 25,694,240 lieues carrées, dont les deux tiers sont couverts d'eau. Plus molle ou plus spongieuse qu'elle ne l'est en effet, les hommes et les animaux s'y enfonceraient; plus dure, plus compacte et moins pénétrable, elle se refuserait aux travaux du laboureur; elle serait incapable de produire et de nourrir cette multitude d'herbes, de plantes, de racines et de fleurs qui sortent actuellement de son sein.

D'où nous viendrait en très-grande partie l'eau douce,

si nécessaire aux besoins de la vie, si elle n'était purifiée, et, pour ainsi dire, filtrée, au moyen des couches de sable qu'on découvre dans la terre, à une grande profondeur? Sa superficie offre un spectacle varié, un mélange admirable de plaines et de vallées, de collines et de montagnes. Qui ne voit clairement les fins pleines de sagesse que l'auteur de la nature s'est proposées en la diversifiant ainsi? Sans parler spécialement ici de l'utilité des montagnes, dont nous traiterons incessamment, la terre ne perdrait-elle pas infiniment de sa beauté, si elle n'était qu'une plaine uniforme? Combien cette variété de vallons et de hauteurs est-elle plus favorable à la santé des êtres vivants, plus commode pour la demeure de tant de créatures différentes, plus propre à produire ces espèces si variées de végétaux! Sans montagnes, la terre serait moins peuplée d'hommes et d'animaux; nous aurions moins de plantes, moins d'arbres; les vapeurs condensées dans l'air ne pourraient être rassemblées, et nous n'aurions ni fleuves, ni fontaines.

Qu'elle est belle cette demeure! Comme elle est appropriée aux besoins des créatures dont elle est le séjour ! Et toutefois, je ne l'habite que pour peu de temps ; et je ne puis en découvrir que la moindre partie. Ah ! combien je me réjouis à l'idée de cette nouvelle terre, dont un jour je dois être le citoyen ! et quelle sera la beauté, quels seront les trésors de cette demeure fortunée où s'élancent mes désirs, puisque celle où je ne fais que passer est déjà si riche en agréments, et si fertile en toute sorte de biens !

La terre est disposée de manière à produire et à nourrir des herbes, des arbustes et des arbres. Assez compacte pour que les végétaux y soient suffisamment affermis, et que les vents ne les renversent pas, elle est en même temps assez légère et assez meuble pour que les plantes puissent y étendre leurs racines, en pomper l'humidité, et s'abreuver des sucs nourriciers qu'elle contient. Lors même que la terre est aride et sèche, cette légèreté permet aux sucs de s'élever, comme dans des tuyaux capillaires, pour fournir aux arbres la nourriture dont ils ont besoin.

Les différentes espèces de terre, outre qu'elles servent à la variété des productions auxquelles nous devons notre subsistance, peuvent être employées à différents usages. Il y a des glaises, des argiles, des terres calcaires, des terres gypseuses, qui nous procurent la brique, la chaux, le plâtre; d'autres servent à construire l'humble cabane du pauvre et les somptueux palais des rois ; il en est qui s'emploient dans les ouvrages de poterie ; il en est aussi dont on se sert dans la teinture et dans la médecine.

Quant aux métaux, leurs usages sont innombrables. Qu'on pense seulement aux ustensiles, aux meubles de toute espèce qui nous fournissent tant de commodités et d'agréments ; qu'on parcoure, s'il est possible, par la pensée, cette multitude d'instruments dont se servent nos ouvriers et nos artistes, et l'on verra quels trésors l'homme foule sans cesse sous ses pieds, trop souvent sans y songer. Les sels relèvent la saveur de nos aliments, et les préservent de la corruption. Ces volcans même et ces tremblements qui nous effraient, outre les avantages dont nous avons parlé, nous sont utiles et même nécessaires en mille autres occasions. Si le feu ne consumait pas certaines exhalaisons, elles se répandraient dans l'air en trop grande quantité, et le rendraient malsain; plusieurs bains chauds n'existeraient point ;

divers métaux, peut-être divers minéraux ne seraient pas produits.

S'il se trouve tant de choses dont nous ne découvrons pas l'utilité, c'est à notre seule ignorance que nous devons nous en prendre. A la vue des phénomènes de la nature qui sont quelquefois nuisibles, rappelons-nous qu'ils contribuent à la plus grande perfection du tout. Pour juger des œuvres de la nature, et pour en connaître la sagesse, il ne suffit pas de les envisager sous une seule face; il faut en considérer toutes les parties, tout l'ensemble. Bien des choses que nous croyons nuisibles, n'en sont pas moins d'une utilité incontestable, et quelques-unes nous paraissent superflues, qui, si elles venaient à manquer, laisseraient un vide immense dans l'empire de la création. Combien d'autres ne sont méprisables à nos yeux que parce que nous n'en connaissons pas le véritable usage! Mettez un aimant entre les mains d'un homme qui en ignore les propriétés, à peine daignera-t-il l'honorer d'un regard. Mais dites-lui qu'on doit à cette pierre les progrès de la navigation, la découverte d'un nouveau monde, il réformera bientôt son premier jugement. Il en est de même d'une multitude de phénomènes que nous offrira l'examen de la nature : le vulgaire les méprise ou les juge mal, parce qu'il n'en sait pas la destination, et qu'il n'aperçoit point leurs rapports avec la totalité des êtres. Gardons-nous d'augmenter le nombre de ces insensés qui calomnient la Providence au moment même où ils jouissent de ses bienfaits : il ne lui faudrait peut-être que se conformer à leurs vues si étroites et si peu réfléchies, pour les faire rentrer dans le plus horrible chaos.

Il est visible que la terre, prise à une certaine profondeur, n'est qu'un amas de corps irrégulièrement entassés les uns sur les autres ; plusieurs paraissent avoir appartenu à la mer, et avoir autrefois servi d'habitation à des animaux. On ne peut se dissimuler que cette espèce de chaos ne soit la suite de quelque révolution, qui, ayant dérangé la structure de l'ancien monde, annonce en même temps que la terre, ou au moins sa surface, a prodigieusement souffert. Voilà le point où nos lumières atteignent : ici, s'éteint le flambeau de l'expérience; mais celui de l'histoire le remplace, et nous montre la cause de cette révolution dans le mémorable événement du déluge universel.

De toutes parts, notre globe est hérissé de ces montagnes plus ou moins élevées dont les sommets, tantôt

Les Cordillères.

arides et privés de tout ornement, tantôt couverts de forêts ou de prairies, ici terminés en angles, là évasés en entonnoir, semblent dominer dans la région de l'air, et commander aux vallées qui les environnent. Les Cordillères, les plus hautes montagnes de la terre, ont plus de trois mille toises d'élévation au-dessus de la mer du Sud ; le mont Blanc, en Savoie, a plus de deux mille quatre cents toises au-dessus de la Méditerranée ; le pic de Ténériffe, si renommé pour sa hauteur, n'a guère que dix-neuf cents toises. La cime de ces masses énormes, près desquelles nos autres montagnes ne sont que des collines ou des monticules, est placée beaucoup au-dessus de la région où, d'ordinaire, se forment les nuages ; et le voyageur, après avoir gravi sur leur sommet, placé, pour ainsi dire, entre le ciel et la terre, dans un jour pur et serein pour lui, voit sous ses pieds d'affreuses nuées, tour à tour enflammées et ténébreuses, darder au loin et la grêle et la foudre sur les campagnes inférieures.

La température des montagnes est d'autant moins chaude, qu'elles ont plus de hauteur. Sur leur sommet, même dans la zone torride, et sous la ligne, règne persévéramment, pendant les plus grandes chaleurs de l'été, un froid beaucoup plus rigoureux que celui de nos plus rudes hivers. Sur les hautes montagnes du Pérou, qui sont une portion des Cordillères, existe depuis le commencement des temps une zone permanente de neiges et de glace, qui a quelquefois jusqu'à douze ou quinze cents toises de largeur, dont le terme inférieur, où commence la nature végétante et vivante, est peu variable, et dont le terme supérieur, fixe et constant, est le sommet de ces montagnes.

Mais quel peut être le but de cet immense appareil? Ne serait-il pas plus avantageux pour notre globe que sa surface fût plus égale, et que tant d'énormes masses ne la défigurassent point? La terre serait plus régulière; la vue s'étendrait plus au loin; nous voyagerions plus commodément; nous jouirions enfin de mille autres avantages, si elle n'était qu'une vaste plaine.... Enfant, tu t'égares; réfléchis au moins un instant, et juge ensuite si c'est avec raison que tu blâmes l'arrangement du globe.

D'abord, il est manifeste que les montagnes et les collines ont été principalement destinées à entretenir et à perpétuer les différentes sources qui forment les rivières et les fleuves. Cette froidure qui règne éternellement sur la partie supérieure des hautes montagnes contribue à condenser les vapeurs, à les convertir en neige, à les ménager avec économie pour rafraîchir et désaltérer la terre, pendant les ardeurs brûlantes de l'été. Leur surface attire, arrête, absorbe les nuages qui sont portés en différents sens dans l'atmosphère, par les vents. Les espaces qui séparent leurs pointes sont comme les bassins préparés pour recevoir les brouillards épaissis, les nuées précipitées en pluies ou en neiges. Leurs entrailles sont autant de réservoirs d'où les eaux s'échappent peu à peu par une infinité de petites ouvertures pour féconder nos plaines, abreuver l'homme et les animaux, former de nouveaux nuages par leur évaporation, et réparer les pertes de la mer en se portant de toutes parts dans son sein, tantôt en petites rivières, tantôt en fleuves immenses.

Il est, par rapport aux montagnes, une observation bien importante à faire. Une malheureuse expérience démontre le danger de les dépouiller de leurs arbres. Les pluies, assure-t-on, sont plus rares en certains lieux, et les sources n'y fournissent pas la moitié de l'eau qu'elles donnaient autrefois, parce que les nuages sont beaucoup moins attirés et réunis par un pic décharné que s'il était couvert de bois. D'ailleurs, avec des bois, l'eau suit l'enfoncement des racines et pénètre dans l'intérieur de la terre, tandis que le roc nu la laisse subitement échapper. Combien de prairies naturelles n'a-t-on pas été obligé de détruire, parce qu'il ne reste plus d'eau qui suffise à les arroser! L'abaissement des montagnes a déjà changé et changera encore l'ordre des cultures dans beaucoup de cantons.

A l'avantage inestimable des sources et des fontaines que nous procurent les montagnes, s'en joignent quantité d'autres non moins sensibles. Elles sont la demeure de plusieurs espèces d'animaux dont nous faisons beaucoup usage, et auxquels, sans qu'il nous en coûte la moindre peine, elles fournissent l'entretien et la subsistance; sur leurs flancs, croissent des arbres et un nombre infini de plantes salutaires, qu'on ne cultive pas avec le même succès dans les plaines, ou qui n'y ont pas les mêmes vertus.

Les montagnes mettent certaines contrées à l'abri des vents froids et piquants ; nous leur devons les vignes les plus exquises, et leur sein renferme les pierres les plus précieuses; elles garantissent des pays entiers de la fureur des mers et des tempêtes. Posées par la nature comme des espèces de remparts et de fortifications, elles sont les bornes de différents Etats, et en défendent plusieurs contre les invasions de l'ennemi et l'ambition des conquérants. Qui sait si elles ne maintiennent pas l'équilibre de notre globe? Les montagnes n'ont pas été répandues au hasard sur sa surface : elles ont entre elles des rapports de situation, à la lueur desquels l'observateur tente de découvrir les lois secrètes qui ont présidé à leur formation. En général, les grandes chaînes vont rayonner vers un centre commun ; et des chaînes principales naissent des chaînes secondaires, qui, à leur tour, donnent naissance à d'autres chaînes subordonnées. Enfin, à n'envisager les montagnes que du côté de l'agrément, ce sont des espèces d'amphithéâtres qui nous procurent les perspectives les plus riantes, et qui donnent aux maisons, et même à des villes entières, la plus intéressante position.

Quelques-unes de ces montagnes, il faut en convenir,

sont dangereuses et formidables. Les secousses terribles, les horribles tremblements qu'occasionnent les volcans qu'elles renferment, répandent au loin l'incendie, la destruction et la mort. Mais ces soupiraux sont nécessaires pour prévenir les ravages, plus grands encore, que produiraient les matières propres à fermenter, contenues dans la terre, si elles ne trouvaient point de semblables issues ; et quelques inconvénients ne sauraient servir de fondement à des objections raisonnables contre la sagesse et la bonté de Dieu, puisque les biens qu'ils procurent l'emportent infiniment sur les maux qui peuvent en résulter.

Avouons donc qu'à cet égard encore nous n'avons aucun sujet de nous plaindre de l'arrangement du monde. Sans les montagnes, il n'y aurait ni sources, ni lacs, ni rivières; la mer deviendrait un marais croupissant ; un grand nombre de plantes, les plus belles et les plus salutaires, et plusieurs espèces d'animaux, nous manqueraient entièrement ; et cependant la privation d'une seule de ces choses suffirait pour rendre notre vie triste et misérable ! Tout ce qui existe, depuis le moindre grain de sable jusqu'aux plus hautes montagnes, est calculé, combiné : tout est en harmonie, tout est rempli d'utilité pour les créatures ; et, sur les hauteurs comme dans les lieux profonds, dans les vallons comme sur les collines, au-dessus de la terre comme dans son sein, Dieu ne cesse de se montrer un bienfaiteur libéral et magnifique.

La plus grande partie de la surface de notre globe est occupée par l'élément liquide ; et cet amas immense, très-distinct des lacs et des fleuves, est ce qu'on appelle *mer*.

La profondeur de la mer varie considérablement, selon le plus ou le moins grand abaissement du sol qui lui sert de bassin et de lit au-dessous des rivages qui la captivent : la plus commune est d'environ cent cinquante toises, et la plus grande, d'environ trois mille. Abstraction faite des tempêtes et du flux et reflux, la hauteur de la mer n'est pas constamment la même dans une même contrée. Sa surface paraît, dans la succession des siècles, s'être abaissée en certains endroits et élevée en d'autres ; ce qui annonce un déplacement dans ses eaux. La Méditerranée, par exemple, doit être maintenant beaucoup plus basse qu'elle ne l'était jadis, puisque l'ancien port de Marseille n'a plus aujourd'hui une goutte d'eau. Aigues-Mortes et Fréjus, en Provence; Ravenne, en Italie; Rosette et Damiette, en Egypte, qui étaient autrefois des ports de mer, sont actuellement plus ou moins avancés dans le continent, et plus ou moins élevés au-dessus du niveau de la mer.

Mais d'un autre côté, les mers de Hollande et des Indes paraissent plus élevées qu'autrefois; presque tout le sol de la Hollande est plus bas que la surface de celle qui l'avoisine, et qui l'engloutirait, sans ces digues immenses qu'on lui oppose à si grands frais. Si, avant la construction de ces digues, les eaux avaient eu la même hauteur qu'à présent, le sol de la Hollande, loin d'avoir été une province habitée, n'eût offert qu'un lit de mer. Quelques contrées des Indes se trouvent dans le même cas, sans qu'on ait remarqué, non plus qu'en Hollande, aucun affaissement général dans le sol. Ainsi, les eaux de la mer peuvent diminuer en hauteur dans une contrée, sans que la totalité diminue sur le globe terrestre, comme l'ont avancé certains philosophes. Les eaux de la mer se déplacent; mais la masse entière reste toujours la même. On voudrait peut-être que le

Créateur eût converti en élément solide une partie de l'immense espace qui comprend les mers, les lacs et les fleuves; et, en cela, comme en mille autres choses, on ne montre qu'ignorance et défaut de jugement.

Si l'Océan se trouvait réduit à la moitié de ce qu'il est actuellement, il ne pourrait fournir que la moitié des vapeurs qui s'en exhalent, puisque ces vapeurs sont en raison de la superficie du bassin d'où elles s'élèvent, de la chaleur qui les attire, et la terre ne serait plus suffisamment arrosée. C'est donc par une sage providence que le Créateur a rendu la mer assez vaste pour remplir cet important objet. Il en a fait le réservoir général des eaux, d'où s'exhalent les vapeurs, qui retombent en pluie, ou qui, lorsqu'elles se rassemblent au haut des montagnes, deviennent les sources des ruisseaux et des fleuves. Si la mer occupait un espace plus resserré, les déserts et les contrées arides seraient beaucoup plus nombreux, parce qu'il tomberait beaucoup moins de pluie sur la terre, et que moins de fleuves en vivifieraient la surface.

Que deviendraient d'ailleurs les avantages qui résultent du commerce, si ce grand amas d'eau n'existait pas ? Dieu n'a pas eu dessein qu'une partie du globe se trouvât totalement indépendante des autres : il a voulu que tous les peuples de la terre eussent entre eux des relations étroites ; et c'est une des raisons pour lesquelles il l'a entrecoupée de mers, qui ouvrent une communication facile entre les contrées les plus éloignées. Comment nous procurerions-nous les productions lointaines, si nous étions réduits à les voiturer avec des chevaux ou des bœufs ? et le commerce pourrait-il avoir lieu, si la navigation ne lui ouvrait une voie commode et abrégée en même temps ?

III.

Agréments de la campagne.

La douce lumière du soleil nous appelle dans les champs : c'est là qu'une joie pure nous est réservée.

Comme le souffle du zéphyr agite doucement chaque rameau, chaque feuille de ces buissons ! Tout ce qui paraît devant nos yeux, saute, bondit, folâtre, ou bien entonne des chants d'allegresse ; tout semble rajeuni, animé d'une nouvelle vie.

Bois touffus, vallées charmantes, et vous, montagnes

que la nature pare de ses dons, votre aspect récrée nos sens et flatte notre cœur; vos attraits ne doivent rien à l'art, et ils effacent l'éclat des jardins.

Le grain mûrit, et bientôt il invitera le laboureur à y porter la faux. Les arbres, couronnés de feuilles, ombragent les collines et les campagnes. Les oiseaux jouissent de leur existence; ils chantent leurs plaisirs; leurs accents expriment ou la tendresse ou la joie. Le paisible cultivateur voit renouveler ses trésors : dans ses regards sereins brillent la liberté et le sentiment du bonheur; l'odieuse calomnie, l'orgueil ni les noirs soucis dont l'habitant des villes est trop souvent dévoré, ne viennent point troubler le repos de ses matinées, ni peser sur ses nuits.

Aucun lien ne peut empêcher le sage qui aime à exercer ses sens et sa raison de venir goûter les douceurs innocentes et si pures qu'on trouve au sein des campagnes. Là de riches pacages, des prairies couvertes de rosée, et les riants objets qui s'offrent de toutes parts, remplissent son âme d'une douce joie, et l'élèvent jusqu'à son Créateur.

La contemplation de la nature, dans le règne végétal,

Les agréments de la campagne.

4

ne nous promet pas seulement des plaisirs enchanteurs ; j'ajoute qu'ils ne peuvent être plus variés. Un botaniste moderne se vante d'avoir fait une collection de vingt-cinq mille espèces de végétaux, et il porte à quatre ou cinq fois autant le nombre de celles qu'il n'a pas vues. Mais cette évaluation est bien faible, si l'on considère que l'on ne connaît presque rien de l'intérieur de l'Afrique, de celui des trois Arabies et même des deux Amériques ; fort peu de chose de la Nouvelle-Guinée, des Nouvelles Hollande et Zélande, et des îles nombreuses de la mer du Sud. On ne connaît guère que quelques rivages de l'île de Ceylan, de celle de Madagascar, des archipels immenses des Philippines et des Moluques, et de presque toutes les îles de l'Asie. Pour son vaste continent, à l'exception de quelques grands chemins dans l'intérieur, et de quelques côtes où trafiquent les Européens, on peut dire qu'il nous est tout à fait inconnu. Combien de terrains en Tartarie, en Sibérie, et dans beaucoup de royaumes de l'Europe même, où jamais les botanistes n'ont mis le pied ! En un mot, s'il est permis de hasarder des conjectures à ce sujet, peut-être n'y a-t-il pas de lieue carrée sur la terre qui ne présente quelque plante qui ne lui soit propre ou, du moins, qui n'y vienne mieux, qui n'y soit plus belle qu'en aucun autre endroit du monde ; ce qui doit porter à plusieurs millions le nombre d'espèces primitives répandues sur la surface solide du globe.

A l'aide du microscope, on a trouvé des plantes dans les lieux où l'on pouvait le moins s'y attendre. La mousse a été se ranger parmi les végétaux ; les taches brunes et noirâtres dont sont couvertes les pierres de taille, sont devenues des plantes elles-mêmes ; on en découvre jusque sur le verre le mieux poli. Cette moisissure qui s'attache à presque tous les corps offre un jardin, une prairie, une forêt, où les plantes, malgré leur extrême petitesse, ont des fleurs et des graines.

Si donc on réfléchit sur la quantité de mousse qui couvre jusqu'aux pierres les plus dures, jusqu'aux lieux les plus arides, sur la quantité d'herbes qui ornent la surface de la terre, sur les diverses espèces de fleurs qui récréent nos sens, sur tous les arbres et les arbustes ; si l'on y joint les plantes aquatiques dont la finesse égale celle d'un cheveu, et qui, pour la plupart, n'ont pas été examinées suffisamment, on ne pourra qu'être frappé de l'étendue du règne végétal. Mais ce qu'il y a de plus merveilleux encore, c'est que toutes ces espèces se conservent, sans que l'une détruise l'autre. Le souverain de la nature a désigné à chacune un séjour analogue aux qualités qui lui sont propres ; il les a distribuées partout avec sagesse ; aucun lieu n'en est dépourvu, et nulle part elles ne croissent avec trop d'abondance. Telles plantes demandent à s'élever en plein champ, exposées au soleil : elles périraient à l'ombre des forêts, ou du moins elles ne feraient qu'y languir. D'autres ne peuvent subsister que dans l'eau ; et ici, les diverses qualités de cet élément occasionnent de grandes variétés. Quelques-unes poussent dans le sable ; d'autres encore dans les marais et dans les lieux bourbeux submergés par intervalles ; celles-ci germent sur les premières couches de la terre ; celles-là ne se développent que dans son sein. Les différents sols ont leurs productions particulières ; et, dans l'immense jardin de la nature, il n'est point d'endroit absolument stérile. Depuis la poussière jusqu'au rocher le plus dur, depuis la zone torride jusqu'aux zones glaciales, chaque climat, chaque terroir entretient des plantes qui lui sont propres

Une chose bien digne de toute notre reconnaissance, c'est que, parmi cette innombrable quantité de plantes, le Créateur a voulu que celles qui servent de nourriture ou de remèdes à l'homme et aux animaux, se multipliassent en plus grande abondance que celles qui sont d'une moindre utilité. Les herbes, considérées dans leurs espèces et dans leurs individus, sont infiniment plus nombreuses que les broussailles et les arbres : il y a beaucoup plus d'herbages que de chênes ; plus de cerisiers, de pommiers que d'abricotiers ; plus de ceps de vigne que de rosiers. Il est évident que le Créateur, par cet arrangement, a voulu pourvoir au bien général. En effet, supposons qu'il y eût plus de chênes que de pâturages, plus d'arbres que d'herbes et de légumes, quelle peine les animaux n'auraient-ils pas à subsister, et combien la surface de la terre ne perdrait-elle pas de sa variété et de ses charmes !

Partout où je porte mes pas, je marche sur des fleurs, et, aussi loin que s'étendent mes regards, je découvre des coteaux et des champs comblés des riches bénédictions du ciel.

IV.

Germination des graines.

En général, les végétaux proviennent de graines, qui sont à la plante ce que l'œuf est à l'oiseau. La graine dans chaque plante doit reproduire son espèce. Comme dans chaque œuf se trouve un germe où sont contenus les principaux linéaments d'un petit animal, à qui il ne faut qu'un certain degré de chaleur pour se développer, de même, dans un gland, se trouve un germe où sont contenus les principaux linéaments d'un végétal qui n'a besoin que d'un certain degré de fermentation dans la terre pour devenir un chêne.

Les germes des végétaux se placent de différentes manières dans ce qui les renferme ; mais aucun végétal n'est produit sans un germe auquel il doit sa première existence. La vertu reproductrice des végétaux se trouve ordinairement dans les graines, qu'ils produisent hors de la terre, comme le chêne, le blé, le chanvre ; c'est dans le développement de ces graines que nous allons considérer la formation et l'accroissement des plantes.

Portons-nous, par la pensée, à cette agréable saison où la nature, après avoir été longtemps couverte en quelque sorte des ombres de la mort, semble renaître et inviter toutes les créatures à se réjouir de sa nouvelle vie. Il se fait alors, sous nos yeux, de prodigieux changements dans le règne végétal ; mais il en est beaucoup plus encore qui échappent à nos regards, et qui s'opèrent dans le plus profond secret. Le grain confié à la terre s'enfle, grossit ; la plante pousse et s'élève peu à peu. Ce mécanisme mérite d'autant plus notre attention, qu'il est proprement la source des beautés ravisssantes que le printemps et l'été offrent à nos yeux.

La graine est diversement composée, selon la différence des espèces; mais sa principale partie est le germe, formé lui-même de deux autres : l'une qui devient la racine; l'autre qui, en s'élevant, forme la tige et la tête de la plante. Le corps de la plupart des graines est composé de deux pièces, qu'on appelle lobes, remplis d'une matière farineuse qui, délayée par l'eau, fournit au germe sa première nourriture. Les mousses ont la semence la plus simple : elle consiste uniquement dans le germe, sans pellicule et sans lobes.

Pour faire germer les graines, l'air et un certain degré d'humidité et de chaleur sont absolument nécessaires; car, quand certaines graines sont trop profondément dans la terre, elles ne germent pas; elles peuvent même s'y conserver pendant plus de vingt ans, et germer ensuite, quand on les ramène à la surface. L'augmentation de la chaleur et la différence que l'on remarque dans le goût ainsi que dans l'odeur d'un grain où se développe la germination, y décèlent une fermentation au moyen de laquelle la substance farineuse des lobes, convertie en une espèce de lait, devient propre à nourrir le tendre germe.

La plantule, dont l'œil démêle facilement la petite tige, les premières feuilles et la radicule, est logée entre les lobes. Elle y tient par deux principaux vaisseaux nommés, avec beaucoup de raison, mammaires; car les lobes peuvent être comparés à deux mamelles. On s'est assuré par des expériences faites avec des sucs colorés que ces vaisseaux jettent une multitude de ramifications dans la substance farineuse, qui, délayée par l'humidité et fermentant avec elle, s'introduit dans le corps de la jeune plante, pour y opérer les premiers développements.

Abreuvé de ce lait délicat et proportionné à sa faiblesse, le germe croît de jour en jour. Bientôt ses langes lui deviennent incommodes; il fait effort pour s'en débarrasser et pousse une petite racine qui va chercher dans la terre des sucs plus nourrissants. La petite tige, destinée à habiter l'air, paraît à son tour, et s'élance perpendiculairement dans ce fluide. Quelquefois elle entraîne avec elle les restes des téguments qui l'enveloppaient dans l'état de germe; d'autres fois, deux feuilles, fort différentes de celles de l'âge mûr, l'accompagnent : ce sont les feuilles séminales, dont le principal usage est, peut-être, d'épurer la séve. Quand la plante n'a plus besoin de ces secours, les lobes et les séminales se sèchent peu à peu et tombent. Si on les retranchait lorsque la tige commence à pousser, la plante ne prendrait que de faibles accroissements et serait toute sa vie, à l'égard des plantes de son espèce, ce qu'est un nain à l'égard d'un homme dans toute sa hauteur. Certaines herbes qui viennent sur les montagnes sont d'une nature toute particulière; comme leur durée est très-courte, il arriverait souvent que leur semence n'aurait pas le temps de mûrir; afin donc que l'espèce ne périsse point, le bouton qui contient le germe se forme au haut de la plante, pousse des feuilles, tombe et prend racine.

La plantule, en sortant de terre, courrait de trop grands risques si elle était d'abord exposée à l'air extérieur et aux rayons du soleil. Ses parties demeurent donc repliées et couchées les unes sur les autres, à peu près comme elles l'étaient dans la graine. Mais à mesure que la racine se fortifie et se ramifie, elle fournit aux vaisseaux supérieurs une abondance de sucs, au moyen desquels tous les organes ne tardent pas à se développer. La plante, presque gélatineuse dans les commencements, acquiert peu à peu plus de consistance, et parvient enfin à l'état de grandeur et de force qu'elle doit avoir.

Que de préparatifs et de soins la nature met en œuvre pour produire le moindre végétal ! Un grain sortant de la terre où la main de l'homme l'a semé, n'est pas, comme on se l'imagine d'ordinaire, un spectacle peu digne d'attention. Il présente une de ces merveilles qui font le sujet des méditations des plus grands hommes. A la vue de ce phénomène, j'admire la puissance du Dieu de l'univers ; et l'ordre même dans lequel les plantes se succèdent devient pour moi une nouvelle preuve de cette sagesse qui se manifeste jusque dans les plus petites choses.

La plupart des graines ne sont point semées par la main des hommes ; elles échappent même à leurs regards : c'est la nature qui se charge de ce soin. Quelques-unes sont garnies de volants, d'aigrettes, de panaches, qui leur servent d'ailes, au moyen desquelles les vents les emportent à des distances prodigieuses. D'autres sont menues et néanmoins assez pesantes pour tomber perpendiculairement sur la terre et pour s'y insinuer sans aucun secours étranger. Celles-ci, plus grandes et plus légères, et qui pourraient être dispersées par le vent, ont souvent un ou plusieurs crochets qui les arrêtent et les empêchent de se répandre trop loin. Il y en a qui sont renfermées dans des capsules élastiques, dont le ressort les élance à des distances convenables dès qu'on les touche ou qu'elles acquièrent un certain degré de sécheresse ou d'humidité.

Les graines qui n'ont ni panaches, ni ailes, ni ressorts, et qui par leur pesanteur semblent condamnées à rester au pied du végétal qui les a produites, sont souvent celles qui font les plus longs voyages : elles volent avec les ailes des oiseaux. C'est par eux que se ressèment une multitude de fruits, soit à pepins, soit à noyaux, dont les semences, renfermées dans des croûtes pierreuses et indigestibles, sont avalées par les habitants de l'air, qui vont les planter sur les corniches des tours, dans les fentes des rochers, sur les troncs des arbres, au delà des fleuves et des mers. Ainsi un oiseau des Moluques repeuple de muscadiers les îles désertes de cet archipel, malgré les efforts des Hollandais qui détruisent ces arbres dans tous les lieux où ils ne servent pas à leur commerce. Ainsi on a vu des corbeaux faire avec leur bec un trou où ils laissaient tomber un gland qu'ils recouvraient ensuite de terre et de mousse pour le retrouver au besoin ; cependant le gland germe, pousse et devient un chêne. Diverses semences, par leur goût et leur odeur agréables, invitent les oiseaux à les avaler ; ils les disposent à la germination par la chaleur de leurs intestins, et lorsqu'elles y ont séjourné quelque temps, ils les laissent tomber en terre : elles y prennent racine, y poussent, y fleurissent et produisent de nouvelles graines. On voit même des quadrupèdes transporter fort loin les plantes des graminées, comme les chevaux, dont les fumiers, par cette raison, gâtent les prairies en y introduisant quantité d'herbes étrangères dont ils ne digèrent pas les semences. Souvent aussi, par le simple mouvement de leurs queues, ils en ressèment d'autres, qui s'attachent à leurs poils. De petits quadrupèdes, tels que les loirs, les hérissons et les marmottes, transportent dans les parties les plus élevées des montagnes les glands, les châtaignes et les faînes.

Qui n'admirerait ici les tendres et prévoyantes attentions de la nature ? Si la dissémination des plantes avait été entièrement abandonnée aux soins des hommes, dans quel état seraient les forêts et les prairies? Mais

Herissons.

voyez comme, au retour du printemps, l'herbe et les

Loir.

fleurs sortent de la terre et l'embellissent, sans qu'ils y aient en rien contribué.

Quel intéressant spectacle que celui d'un verger rempli de mille arbres divers, qui fournissent à nos tables les mets les plus délicieux ! Que de douces sensations n'excite pas un parterre où la nature et l'art ont réuni toute la richesse du coloris, toutes les espèces de parfums, où l'œil et l'odorat, également flattés, semblent ravir l'âme hors d'elle-même et la transporter à l'envi partout où elle trouve des sources d'innocents plaisirs !

Presque toutes les fleurs sont pliées dans un bouton où elles se forment en secret, et sont garanties par leurs enveloppes et leurs tuniques. Lorsqu'ensuite la séve survient en abondance, surtout vers le printemps, la fleur grossit, le bouton s'ouvre, et l'un des plus séduisants phénomènes du règne végétal se montre à nos yeux.

La fleur, en ornant nos jardins, nos vergers, nos campagnes, nous prépare souvent un fruit délicieux, un grain nourrissant, une farine précieuse. Son calice se métamorphose en pomme, dans le pommier ; en fraise, dans le fraisier ; en grain, dans le blé. Telle est l'admirable économie de la nature ! Le germe qui conserve et multiplie les plantes naît communément enveloppé d'une substance destinée à faire la nourriture et les délices des êtres vivants.

Parmi les fruits, les uns sont à pepin, les autres à noyau ; les uns cassants, les autres fondants ; les uns farineux, les autres ligneux. Ceux-ci naissent près de la terre, ceux-là dans son sein même ; plusieurs se forment dans la région de l'air, tantôt isolés, tantôt en grappes. L'âcreté qui les caractérise tous dans les premiers temps de leur formation cesse et s'évanouit d'ordinaire quand la chaleur du soleil ou la fermentation intérieure des parties a perfectionné leur substance.

Vous voyez quel concours de causes est nécessaire pour produire les végétaux, pour les conserver et pour les propager. Quoique les germes préexistent tout formés dans leurs graines, quel art ne faut-il pas pour les développer, pour donner l'accroissement à la plante, pour la conserver et pour en perpétuer l'espèce? La terre devait être une mère féconde dans le sein de laquelle les végétaux pussent être placés convenablement et se nourrir. L'eau et l'air qui contribuent si fort à les alimenter devaient être composés de parties dont le mélange pût servir à leur accroissement ; le soleil devait mettre tous les éléments en action, faire germer les semences par sa chaleur et mûrir les fruits. Il fallait un juste équilibre, une exacte proportion entre les plantes, afin que, d'un côté, elles ne se multipliassent pas trop, et que, de l'autre, elles fussent toujours en nombre suffisant. Il fallait que leur tissu, leurs vaisseaux, leurs fibres, et toutes leurs parties, fussent tellement disposés, que la séve, le suc propre pussent y pénétrer, y circuler et s'y préparer, de manière que chacune d'entre elles reçût la forme, la grosseur et la force qui lui étaient propres. Il fallait déterminer exactement quelles plantes devaient venir d'elles-mêmes et quelles autres auraient besoin des soins et de la culture des hommes. L'œuvre de la génération et de la propagation des végétaux est si compliquée, elle passe, pour ainsi dire, par tant d'ateliers, qu'il nous est impossible de démêler cette longue suite de causes et d'effets qui les produisent.

V.

Circulation de la séve.

Pour entretenir toutes les opérations qu'on admire dans les végétaux, il faut qu'ils aient un moyen de réparer les pertes qu'elles occasionnent. Au retour du printemps, les arbres, qui, durant plusieurs mois, avaient paru totalement privés de la vie, commencent à en donner des signes. Quelques semaines après, il s'y en manifeste de plus grands encore; et, dans peu, les boutons grossissent, s'ouvrent, et produisent leurs précieuses fleurs. Cette révolution s'observe régulièrement au renouvellement de la belle saison ; mais peut-être avez-vous ignoré jusqu'ici par quels moyens elle s'opère.

Les effets que nous remarquons, au printemps, dans les arbres et dans les autres plantes, sont produits par la séve, qui est mise en mouvement dans leurs vaisseaux au moyen de l'air, et par l'augmentation de la chaleur. Comme la vie des animaux dépend de la circulation de leur sang, celle des végétaux et leur accroissement dépendent de la circulation de la séve ; et Dieu a disposé toutes leurs parties de manière qu'elles concourent à la préparation, à la conservation et au mouvement de ce suc.

Au reste, la circulation végétale est bien différente de celle qu'on observe dans les animaux. La plante ne possède ni cœur, ni artères, ni veines ; et un fait très-connu suffit pour en convaincre. Un arbre planté à contre-sens, la racine en haut, la tête en bas, ne laisse pas de végéter, de croître et de multiplier ; de la racine sortent des branches, des feuilles, des fleurs et des fruits ; de la tête proviennent des racines, des radicules, et un chevelu plus ou moins abondant. Ce fait ne peut se concilier avec l'appareil d'organisation que supposerait, dans les plantes, une circulation comparable à celle des animaux. Mais, s'il n'y a pas de vraie circulation de la séve, il ne s'ensuit point qu'il n'y ait pas, dans le corps de la plante, des vaisseaux ascendants et des vaisseaux descendants; un suc qui s'élève, par les premiers, jusqu'aux feuilles, et qui descend, par les seconds, jusqu'aux racines : on présume même qu'il a un cours transversal et oblique dans tous les sens. C'est une sorte de circulation, assortie à cette espèce d'êtres organisés; car il faut bien admettre, dans la séve, un mouvement qui l'élabore et la dispose peu à peu à revêtir la nature propre de la plante; les sécrétions végétales supposent même, dans les vaisseaux, un jeu secret, dont l'effet est très-différent de cette espèce de balancement que nous venons d'observer.

Pendant le jour, l'action de la chaleur sur les feuilles y attire abondamment le suc nourricier. Les petits organes excrétoires dont elles sont garnies, et qui s'y montrent sous différentes formes, séparent les parties les plus aqueuses ou les plus grossières du suc qui s'élève de la racine. L'air renfermé dans les trachées de la tige et des branches, se dilatant de plus en plus, presse les fibres ligneuses, et accélère ainsi la marche de la séve, en même temps qu'il la fait pénétrer dans les parties voisines.

A l'approche de la nuit, la surface inférieure des feuilles commence à s'acquitter d'une de ses principales fonctions. Les petites bouches dont elle est pourvue s'ouvrent, et reçoivent avec avidité les vapeurs et les exhalaisons qui sont dans l'atmosphère. L'air des trachées se resserre; elles diminuent de diamètre; les fibres ligneuses, moins pressées, s'élargissent, et admettent les sucs que les feuilles leur envoient. Ces sucs se joignent au résidu de celui qui était monté pendant le jour, probablement aussi aux différents corps absorbés, dans le même temps, par les feuilles; et toute la masse tend vers les racines. Des injections de matières colorées ont appris que la séve monte par les fibres ligneuses, qui la conduisent à la surface inférieure des feuilles; et qu'une partie de ce fluide nourricier descend par les fibres de l'écorce, vers les racines.

Quoiqu'une plante ne paraisse pas chaude au toucher, on ne saurait douter qu'elle ne possède un certain degré de chaleur qui lui est propre, et qui, pendant l'hiver, surpasse celui de l'air ambiant. La circulation des sucs ne cesse pas dans cette saison; elle n'est que ralentie; ce qui suppose une certaine chaleur, qu'on croit se rapprocher assez de celle des animaux à sang froid.

Voilà, ce semble, à quoi se réduit la mécanique des mouvements de la séve ; c'est ainsi qu'elle nourrit l'arbre, et se transforme en sa substance, pour lui donner toujours de nouveaux accroissements. Si les sucs cessent d'arriver, si la circulation s'arrête, si l'organisation intérieure de l'arbre est détruite par un froid trop rigoureux, par la vieillesse, par une plaie, ou par quelque autre accident extérieur, l'arbre meurt.

Après toutes ces considérations, verrai-je encore, dans la plus belle des saisons, les arbres d'un œil indifférent? La révolution qui alors s'opère en eux me paraîtra-t-elle peu digne d'attention? Et pourrai-je observer le renouvellement de la nature, sans penser au Dieu qui donne la vie à tous les êtres, qui fournit aux arbres les sucs convenables, qui communique à la séve la force de circuler dans ses canaux, et lui ordonne de distribuer partout la nourriture et l'accroissement?

Déjà depuis bien des années, le retour du printemps m'a fourni l'occasion d'observer cette vertu vivifiante qui se manifeste dans les arbres et dans d'autres végétaux, et je n'y ai pas plus réfléchi que l'animal qui paît dans les campagnes; je n'ai pas été plus attentif à la conservation de ma propre vie, à l'accroissement de mon corps, à la circulation de mon sang. Ah! quand j'aurai le bonheur de revoir le printemps, puissé-je penser d'une manière plus raisonnable!

VI.

Les feuilles des arbres.

Les feuilles, ornement des arbres, sont une des grandes beautés de la nature : l'impatience que nous avons, au printemps, de les voir pousser, et notre joie lorsqu'elles paraissent, montrent assez qu'elles sont la parure des jardins, des campagnes et des bois. Eh ! quel plaisir ne nous donne pas l'ombre qu'elles nous procurent dans les jours brûlants de l'été ! Qui, dans ces moments où les ardeurs du soleil embrasent l'atmosphère, n'a pas désiré d'être assis au pied d'un arbre dont le feuillage épais pût lui servir d'abri et lui laisser respirer un air plus frais? Quel homme si ingrat, lorsqu'il a rencontré un ombrage propice, n'a pas béni le Dieu de la nature? Tranquillement étendu sur le gazon qui tapisse le pied de cet arbre bienfaisant, il voit, en quelque sorte, voltiger au-dessus de sa tête ce pavillon mobile, pendant que ses membres fatigués reposent moelleusement sur un lit de verdure. La chaleur dévorante qui circulait dans ses veines se dissipe insensiblement; la fraîcheur vient réparer ses forces; il renaît, et, déjà prêt à continuer sa course, il se lève, en saluant l'arbre hospitalier qui lui a rendu une nouvelle vie.

Ce n'est là, toutefois, que la moindre utilité qui nous revienne du feuillage des arbres. Il suffit de considérer la merveilleuse structure des feuilles pour se convaincre qu'elles ont une destination et des usages tout autrement importants. Chaque feuille a certains vaisseaux qui, étant fort serrés dans la queue ou pédicule, se séparent à l'extrémité supérieure en différentes nervures principales, qui se ramifient, se divisent et se subdivisent presque à l'infini dans l'une et l'autre surfaces. Il n'est pas une feuille qui, outre ces vaisseaux extrêmement déliés, n'ait une multitude étonnante de pores. On a observé que, dans une espèce de buis appelé *palma cereris*, il y en a au delà de cent soixante et douze mille sur un seul côté. En plein air les feuilles tournent leur

Feuilles d'arum.

surface supérieure vers le ciel et l'inférieure vers la terre, ou vers l'intérieur de la plante. A quoi bon cet arrangement particulier, si leurs fonctions se bornaient à orner les arbres et à nous procurer de l'ombrage? Il faut assurément que le Créateur s'y soit proposé quelque autre vue plus intéressante.

Ces feuilles, qui nous charment par leurs grâces naives, contribuent encore, d'une manière immédiate, à la nutrition des végétaux. Non-seulement elles séparent, comme nous l'avons dit, les parties les plus aqueuses et les plus grossières qui s'élèvent de la racine ; elles sont elles-mêmes des espèces de racines, qui pompent dans l'air des fluides qu'elles transmettent aux parties intérieures. La rosée qui s'élève de la terre est le principal fonds de cette nourriture aérienne ; les feuilles lui présentent leur surface inférieure, garnie d'une infinité de petits tuyaux toujours prêts à l'absorber ; et, afin qu'elles ne se nuisissent pas l'une à l'autre dans l'exercice de cette fonction, elles ont été arrangées sur la tige et sur les branches avec un tel art, que celles qui précèdent immédiatement ne recouvrent pas celles qui suivent. Par là, les plantes, dans les temps de sécheresse, ne courent pas le risque d'être privées de nourriture : elles reçoivent en abondance une rosée vivifiante, qui est pompée par la surface inférieure des feuilles.

L'expérience nous apprend que, parmi des feuilles

égales et semblables prises sur le même arbre, celles qui sont appliquées par leur surface inférieure sur des vases pleins d'eau, se conservent très-vertes, des semaines et même des mois entiers; tandis que celles qui présentent à l'eau leur surface supérieure périssent en peu de jours. Les herbes, toujours plongées dans les plus épaisses couches de la rosée, et dont l'accroissement se fait avec plus de promptitude que celui des arbres, ont leurs feuilles construites de manière qu'elles pompent la rosée à peu près également par l'une et l'autre surfaces, quelquefois même plus abondamment par la surface supérieure.

Les plantes transpirent beaucoup; et la surface inférieure des feuilles paraît être encore le principal organe de cette opération si importante. Des feuilles dans lesquelles cette surface est enduite d'une manière impénétrable à l'eau, tirent et transpirent beaucoup moins, en temps égal, et à la même température, que des feuilles semblables dont la surface inférieure n'est point enduite d'un tel vernis. Il a paru résulter de ces expériences qu'il se fait peu de transpiration par la surface supérieure; d'où l'on peut inférer qu'une de ses principales fonctions est de servir d'abri et de défense à la surface inférieure ; et c'est là, sans doute, l'usage de ce vernis naturel et si lustré qu'on remarque sur la première.

Cette méditation me fournit une nouvelle occasion d'admirer la sagesse de Dieu. Avant que je connusse tout l'art qui brille dans la structure des feuilles, je les voyais avec une sorte d'indifférence ; à présent que chacune d'elles se montre à moi comme un chef-d'œuvre de la puissance divine et un organe de fécondité, pourrais-je contempler cette belle parure des arbres, sans qu'elles me suggérassent quelques belles pensées ? Tout, jusqu'aux moindre objets, dans la nature, a été arrangé avec une sublime intelligence. Il n'y a pas une seule feuille inutile, ou qui ne soit que pour le simple ornement; elle contribue, pour sa part, au maintien du règne végétal. Mais si chaque feuille est un chef-d'œuvre de puissance, que de merveilles un arbre n'offre-t-il pas à mes yeux !

Mais rien n'est stable ici-bas. Ces riantes campagnes au milieu desquelles je me plais à m'égarer, se dépouillent insensiblement de leurs beautés ; peu à peu se font sentir les ravages que l'approche des frimas opère dans les jardins et les forêts. Cette merveilleuse décoration va disparaître; toutes les plantes, à la réserve d'un petit nombre, perdront le brillant ornement de leur feuillage; et, durant six mois, la nature sera couverte du voile lugubre de l'hiver.

A peine les feuilles sont-elles chargées du premier givre, qu'on les voit tomber par flocons. L'air, resserré par le froid, exerce peu son ressort sur la séve; elle s'engourdit; et si elle ne cesse pas totalement de circuler, du moins elle ne le fait que très-faiblement. Les feuilles jaunissent, elles se dispersent à la moindre secousse des vents et elles leur servent de jouet. Mais la gelée n'est pas l'unique cause de la chute des feuilles; elles tombent aussi lorsqu'il ne gèle point de tout l'hiver; les arbres mêmes qu'on a mis dans la serre, pour les garantir de la rigueur de la saison, éprouvent ce dépouillement.

Les feuilles paraissent ne se joindre aux branches que par une espèce d'articulation; quand les arbres, vers la fin de l'automne, perdent leur ornement, les cicatrices qu'elles laissent en se détachant prouvent que ces parties sont simplement contiguës, puisque leur séparation se fait sans déchirure. Les vaisseaux de communication de l'arbre à la feuille, et les fibres qui se continuent de l'un à l'autre, ne reçoivent plus les sucs nécessaires à leur entretien, par la suppression et l'engourdissement que cause, dans le mouvement de la séve, la température froide de l'air. L'engorgement par trop d'humidité, le resserrement des fibres, l'oblitération ou l'affaissement de tous les pores des feuilles, ne permettent plus ni absorption, ni transpiration; celles-ci deviennent des organes inutiles, elles se détachent enfin des branches, et bientôt les campagnes sont privées de leur parure.

Au reste, les feuilles, séparées du végétal qui les a produites, ne restent point inutiles sur la terre qui les reçoit. Rien n'est perdu dans la nature; et les débris des plantes ont aussi leur usage. Ils se pourrissent au bas des arbres, sous les pieds des animaux, et se convertissent en cet *humus* ou terre végétale si essentielle à la nourriture des plantes. Cette jonchée les préserve sous sa molle épaisseur; elle les met à l'abri des vents rigoureux; elle couvre toutes les graines autour desquelles s'entretiennent ainsi une humidité et une chaleur qui les aident à germer, comme si elles étaient dans la terre la plus douce; et par là, cette jonchée supplée naturellement au travail de l'homme.

C'est ce qu'on remarque surtout à l'égard des feuilles du chêne. Elles fournissent un excellent engrais, non-seulement aux arbres, mais à leurs rejetons; elles sont d'ailleurs très-avantageuses aux pâturages des forêts, en ce qu'elles favorisent l'accroissement de l'herbe qu'elles recouvrent, et sur laquelle bientôt elles périssent. Aussi le cultivateur intelligent se garde-t-il bien de ramasser les feuilles, à moins qu'elles n'existent en si grande abondance, que l'herbe n'en soit plutôt étouffée que nourrie. Dans certains pays, les habitants de la campagne font de grands amas de feuilles; ils les brûlent tout l'hiver, et les cendres qui en proviennent sont propres à l'ameublissement des terres fortes ou paresseuses. On répand les feuilles dans les étables, au lieu de paille, et on en fait une excellente litière pour les bestiaux; on les mêle encore avec le fumier ordinaire. Ce terreau est surtout d'une grande utilité dans les jardins, où l'on en étend des couches qui contribuent beaucoup à l'accroissement des fruits et des jeunes arbres.

Mais tant d'insectes qui faisaient leur demeure sur les feuilles des arbres et des plantes, que deviennent-ils au temps où elles tombent? Il est vrai que l'automne abat des armées entières de petits animaux avec leur ponte ; il ne s'ensuit pas néanmoins que ces faibles créatures périssent. Sur la terre même, elles se conservent à l'abri des feuilles qui les couvrent. Les œufs de la plupart de ces insectes sont déposés sous l'écorce des arbres ; d'autres, après être éclos, s'enfoncent dans la terre, et y vivent d'abord sous la forme de ver.

Qui pourrait méconnaître l'action sans cesse existante d'une Providence paternelle? Elle a placé au Midi des arbres toujours verts, et leur a donné un large feuillage pour défendre les animaux de l'extrême chaleur ; elle y est encore venue à leur secours en les couvrant de robes à poils ras, afin de les vêtir à la légère ; et, pour les tenir fraîchement, elle a tapissé de fougères et de lianes la terre qu'ils habitent. Elle n'a pas oublié les besoins des animaux du Nord : à ceux-ci, elle a donné pour toits les sapins, qui conservent leur verdure, dont les pyramides hautes et touffues écartent les neiges de leurs pieds et dont les branches sont si garnies de longues mousses grises, qu'à peine on en aperçoit le tronc;

Arbres du Midi.

pour litières, elle leur offre les mousses mêmes de la terre, qui, en plusieurs endroits, y ont plus d'un pied d'épaisseur, ainsi que les feuilles molles et sèches de beaucoup d'arbres qui tombent précisément à l'entrée de la mauvaise saison ; enfin, elle leur donne pour provisions les fruits de ces arbres, qui sont alors en pleine maturité ; en sorte qu'ils trouvent souvent à l'abri du même sapin de quoi se loger, se nourrir et se tenir chaudement.

Dans ce moment où la nature attristée ne permet plus à l'imagination de s'égarer sur mille objets enchanteurs, la chute des feuilles vient m'inspirer des pensées plus sérieuses et bien importantes. Elle est une image de la vie et de la fragilité des choses terrestres. Ni les feuilles ni les hommes ne tiendront mieux que l'année précédente, les unes aux arbres, les autres à la vie. Je suis une feuille qui tombe, et la mort marche à mes côtés. Dès aujourd'hui, peut-être, je me flétrirai ; et demain je ne serai plus qu'un peu de poussière.

VII.

Formation des végétaux.

La plante végète ; elle se nourrit, croît ; elle se multiplie. J'ai tâché de me faire une idée des moyens qu'emploie la nature dans ces grandes opérations : je veux ici m'arrêter sur la formation des végétaux, et jeter particulièrement quelques regards sur la manière dont s'opèrent leur nutrition et leur développement.

Le végétal se forme et se développe par le moyen des sucs nourriciers que lui apportent ses racines et ses feuilles, et que prépare et modifie son organisation. Il tire l'humidité de la terre et d'autres sucs à l'aide de ses chevelus, qui tous sont autant de petits tuyaux capillaires ; il pompe l'humidité de l'air par ses feuilles, où se trouve l'embouchure d'une infinité de conduits qui y commencent ou qui s'y terminent.

Vous avez observé, dans les plantes, une séve ascendante et une séve descendante ; et vous en avez conclu une circulation de sucs nourriciers dans les végétaux, différente néanmoins de la circulation du sang et des humeurs dans les animaux. On connaît, dans les arbres, des vaisseaux lymphatiques qui voiturent la séve ou la nourriture commune aux différentes espèces, et des vaisseaux propres où coulent les sucs particuliers à chacune d'elles. Vous avez en outre remarqué ces trachées, ou vaisseaux aériens, placées en lignes spirales à l'entour du tronc, et destinées à faciliter la circulation de la séve et des sucs propres.

Les canaux de la séve et du suc propre, divisés en une infinité de ramifications, vont nourrir et substanter toutes les parties de la plante, le tronc, l'écorce, les feuilles, les fleurs, en y portant des sucs élaborés d'une manière convenable à chacune d'elles. Nous observerons plus en détail, en traitant de l'air, que les feuilles, en absorbant sans cesse une immense quantité de vapeurs

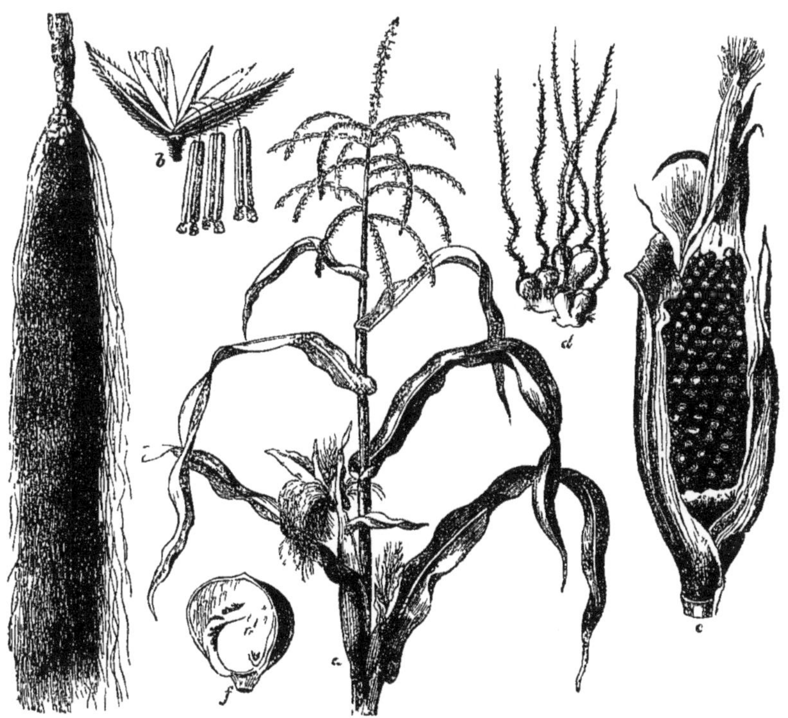

Feuilles de mais.

nuisibles, contribuent à maintenir l'atmosphère dans le degré de salubrité qu'exige la vie des êtres animés : frappées des rayons du soleil, elles dégagent un air pur, destiné à la même fonction. Bornons-nous à examiner ici comment cette partie si essentielle des plantes peut suffire, avec les racines, pour procurer à tant de productions diverses, qui croissent dans une même terre, les sucs qui leur conviennent.

On croit généralement que chaque végétal est organisé de manière à ne recevoir de la terre que les sucs qui lui sont propres; et l'on cite à l'appui de cette opinion une expérience que tout le monde est en état de répéter. Mêlez, dans un vase, de l'eau, du vin et de l'huile; prenez trois bandes de papier imbibées chacune séparément de l'une de ces trois liqueurs, et plongez-les dans ce vase par une de leurs extrémités, en sorte que la partie extérieure des bandes soit plus longue que celle qui est plongée dans le mélange; chacune des trois attirera uniquement la liqueur dont elle est imbibée, et toutes couleront séparément hors du vase.

Tels, dit-on, doivent être conçus les suçoirs des plantes, lesquels, recevant uniquement la substance appropriée à leurs organes et à leur nature, rejettent toutes les autres. Le figuier attire un suc plus laiteux; le chêne, un suc plus ligneux; la renoncule, un suc qui se diversifie en mille et mille couleurs admirablement nuancées. On regarde comme une chose démontrée que la terre est la principale nourriture des plantes ; qu'elle s'introduit par les racines dans l'intérieur, et s'incorpore avec elles. En un mot, on se persuade que les engrais et la terre, dissous et charriés par l'eau, fournissent abondamment de leur propre substance à la munition des végétaux ; et que, quand ceux-ci se réduisent en terre par la putréfaction, cette terre n'est que le résidu de celle que la plante avait tirée du sol, et qu'elle s'était appropriée.

Mais, d'un autre côté, de très-belles expériences semblent prouver que le principal usage de la terre est de servir de point d'appui aux plantes qui y croissent.

Vanhelmont rapporte un fait surprenant. Il planta un saule du poids de cinquante livres dans un vase qui contenait cent livres de terre ; il eut soin de n'arroser qu'avec de l'eau distillée ou de pluie, et l'attention de fermer le vase de manière à interdire l'accès à toute matière étrangère ; cinq ans après, le poids du saule garni de toutes ses feuilles se trouva augmenté de cent dix-neuf livres trois onces, quoique la terre n'eût perdu que deux onces de son premier poids.

La végétation des plantes terrestres dans l'eau pure vient à l'appui de ces résultats. Vous voyez, chaque hiver, ces oignons de diverses espèces que l'on fait végéter dans l'eau, et dont les fleurs, quelquefois aussi belles que dans les meilleures terres, défient en quelque sorte le printemps. On a fait germer, dans des éponges humectées, des marrons, des amandes, des glands. Les petits arbres provenus de ces semences, élevés dans l'eau pure, y firent, pendant les premières années, d'aussi grands progrès que s'ils eussent été en pleine terre : un jeune chêne, en particulier, subsista ainsi pendant huit ans ; il avait alors quatre ou cinq branches qui partaient d'une tige de dix-neuf à vingt lignes de circonférence, et de plus de dix-huit pouces de hauteur : le bois et l'écorce en étaient bien formés ; et, chaque année, il se couvrait de belles feuilles. Tous ces petits arbres donnèrent, par l'analyse chimique, les mêmes principes que d'autres petits arbres, de même âge et de même espèce, qui avaient été élevés en pleine terre.

L'eau la plus pure ne contient pas l'aromate de la menthe, le sucre de la betterave, la glu du houx, le suc âpre du chêne; et pourtant tous ces végétaux peuvent croître dans l'eau pure, et y acquérir les mêmes qualités qu'en pleine terre. On n'a encore vu, il est vrai, aucun arbre fleurir et fructifier dans l'eau seule; mais dans la mousse qu'un célèbre naturaliste a eu soin de tenir humectée, il a eu le plaisir d'élever un poirier, un prunier et un cerisier, qui lui ont donné de très-bons fruits; il a vu une tubéreuse y atteindre près de quatre pieds de hauteur, et s'y garnir de quarante cloches d'une beauté et d'un parfum admirables; il a vu enfin une bouture de vigne blanche, devenue dans la mousse un vrai cep, pousser. dans l'espace de quelques mois, des jets de plus de dix pieds de longueur, chargés de sept ou huit grosses grappes d'un excellent goût. Un très-petit citron, greffé sur un oranger, y prend tout son accroissement, en conservant ses qualités propres, et sans acquérir rien de celles de l'orange. Ce ne sont pas les nourritures, ce sont les organes qui ont été diversifiés. Le citronnier a une organisation qui n'est pas précisément la même que celle de l'oranger : il travaille donc et combine les sucs autrement que ce dernier.

Le nombre, l'espèce et la contexture des vaisseaux, leurs proportions, leurs repliements, préparent, élaborent et modifient le fluide nourricier, de manière à former l'étonnante variété que nous admirons dans les plantes. L'eau et l'air, ou, pour mieux dire, leurs principes constitutifs, et le carbone, paraissent les seuls principes immédiats de la plupart des végétaux : la terre leur sert de base ; les différentes sortes d'engrais ne contribuent à la végétation qu'en lui fournissant les molécules de ces fluides et du carbone.

Le corps des végétaux est une sorte de laboratoire où la nature combine, dans le plus profond secret, un petit nombre d'éléments : leurs organes sont des instruments inimitables qui exécutent des opérations infiniment supérieures à toutes les forces de l'art. On tombe dans un étonnement profond à la vue de ces arbres majestueux, d'une ampleur et d'un poids énormes, qui ne sont pourtant que les résultats de la combinaison de substances très-subtiles ; et l'on se sent pénétré de respect pour la main invisible qui opère de telles merveilles, par des moyens en apparence si disproportionnés.

VIII.

Les fleurs.

Dites-moi d'où vient qu'à l'ouverture d'un jardin fleuri, on ressent une joie subite; et pourquoi, sans avoir aucune pensée distincte, on goûte alors une satisfaction qu'on éprouve difficilement ailleurs. Ce n'est pas sans dessein que les fleurs sont si magnifiquement parées : elles sont visiblement faites pour plaire à l'homme ; elles n'ont même d'agrément que pour lui ; ses yeux semblent, à proprement parler, les seuls qui en jouissent. Les animaux, à leur vue, ne paraissent goûter aucun plaisir ; ils ne s'y arrêtent jamais ; ils les confondent avec l'herbe commune ; ils foulent aux pieds les plus belles, et n'ont pour cet ornement de la terre que la plus entière indifférence. L'homme, au contraire, parmi cette foule d'objets qui l'environnent, démêle et recherche les fleurs avec une complaisance singulière.

En nous accordant les richesses de la terre, Dieu a perpétué son présent pour tous les siècles, par la commission qu'il a donnée aux fleurs de renouveler, d'années en années, les plantes dont elles rendent les graines fécondes. Mais si leur fonction eût été uniquement de fournir à chacune de ces plantes un germe reproducteur, la plupart n'eussent pas été relevées par des formes si gracieuses, par des couleurs si touchantes. Il en est même un très-grand nombre qui ne paraissent avoir d'autre emploi que de présenter à l'homme un bouquet ; et, tandis que les autres lui préparent un fruit dont il doit faire usage après la fleur, il ne connaît à celles-là d'autre mérite que celui de lui plaire.

A peine pourrait-on croire jusqu'où a été portée l'attention à réjouir l'homme par la beauté et par la multitude des fleurs ! On dirait qu'elles ont reçu l'ordre de naître sous ses pas : nulle partie, dans la nature,

Cueillette de fleurs

qui ne lui en offre tour à tour. Elles croissent au haut des arbres, et sur l'herbe qui rampe; elles embellissent les vallées et les montagnes ; les prairies en sont émaillées ; il les cueille au bord des bois, et jusque dans les déserts : le printemps, l'été et l'automne les font succéder les unes aux autres avec profusion.

Cette multitude, d'ailleurs, est nécessaire à nos besoins ; car à combien d'accidents ne sont-elles pas exposées ! Si, par exemple, elles étaient en moindre quantité sur nos arbres fruitiers, il nous arriverait bien plus souvent de manquer de fruits. Et où les abeilles trouveraient-elles assez de miel, si la Providence n'avait pas autant multiplié les réservoirs où elles savent le puiser ?

Mais la variété qui règne entre les fleurs est peut-être plus surprenante encore. Il fallait certainement une puissance toute divine pour que les fleurs fussent aussi nombreuses qu'elles le sont ; mais cette puissance devait être accompagnée d'une bonté non moins admirable, pour qu'il régnât à cet égard une telle diversité. S'il existait entre les fleurs une ressemblance parfaite, relativement à leur structure, à leur forme, à leur grandeur, à leurs parures, cette uniformité fatiguerait nos sens et produirait l'ennui ; ou si l'été ne présentait de plantes et de fleurs que celles du printemps, nous nous lasserions de les contempler et de donner nos soins à leur culture. C'est donc un effet de la bonté divine d'avoir si agréablement diversifié les productions du règne végétal, et d'avoir ajouté à leurs perfections les charmes d'une variété toujours nouvelle.

Cette diversité ne s'étend pas seulement sur des familles entières du royaume des plantes, elle s'étend sur les simples individus. L'œillet est différent de la rose ; la rose, de la tulipe ; chaque oreille-d'ours, chaque lis, chaque rose a encore son caractère propre, ses beautés et ses variétés particulières. Dans chaque plante, dans chaque arbuste, il n'y a presque aucune fleur où l'on ne remarque quelque diversité, soit dans la structure, soit dans la grandeur, soit dans le mélange des couleurs ; on n'y trouve pas deux fleurs dont la forme et les nuances soient parfaitement semblables ; et quoique de la même espèce, chacune a ses ornements qui la distinguent.

La nature, qui s'est jouée dans la distribution des couleurs dont les fleurs sont parées, a mis de nouveaux agréments dans l'air et dans la figure qu'elle a donnés à chacune d'elles. Parmi celles qui remplissent un parterre, les unes s'élèvent avec un port plein de dignité et de grandeur; d'autres, sans faste et sans appareil attirent les yeux par la régularité de leurs traits.

Arrêtons-nous ici, et réfléchissons sur les vues de sagesse et de bienfaisance qui se manifestent dans cette succession des fleurs. Si toutes paraissaient en même temps, nous serions privés du plaisir que procurent ces changements agréables et progressifs qui nous rendent la nature toujours nouvelle; nous serions tantôt dans une excessive abondance, tantôt dans une entière disette; à peine aurions-nous eu le temps d'observer la moitié de leurs agréments, que nous en serions privés. Mais comme chaque espèce a sa place et son temps marqués, nous pouvons les contempler à notre aise, les examiner, jouir à loisir de leurs charmes, et faire une plus ample connaissance avec elles. Si d'ailleurs elles ne se montraient tour à tour dans la saison qui leur convient, que de fleurs et de plantes périraient, exposées, par exemple, aux nuits froides que souvent on éprouve au printemps!

Quelle bonté, dans le Dieu de la nature, de combler ainsi l'homme de bienfaits sans cesse renaissants, et de ne pas se borner à multiplier ses grâces, mais de les rendre constantes et durables !

Le même ordre dans lequel se suivent les plantes et les fleurs se remarque aussi dans l'espèce humaine. Chaque homme paraît sur la terre au lieu que l'Être infiniment sage lui assigne, et dans le temps qu'il a choisi pour son existence. Depuis le commencement du monde, les générations se succèdent régulièrement sur ce vaste théâtre. Des enfants naissent, des hommes croissent, des vieillards sont près de retourner dans la poussière; et, tandis que l'un se prépare à se rendre utile, l'autre a déjà fini son rôle et sort de la scène. Qui sait quand la mort doit m'appeler moi-même ?... Ah ! puissé-je quitter la vie d'une manière aussi honorable que les fleurs dont l'existence a répandu tant de charmes dans le cercle étroit où elles étaient renfermées ! Elles furent l'ornement des jardins et la joie de ceux qui les possédaient ; leur mort a été moins triste, parce que leur vie fut agréable et utile. Que les gens de bien me regrettent ! qu'ils aiment à se rappeler mon souvenir ! qu'ils se disent l'un à l'autre, en pleurant sur ma tombe : « Hélas ! pourquoi n'a-t-il pas vécu plus longtemps ! »

Mais comment se fait-il que les vapeurs qui s'exhalent des plantes et des fleurs parviennent si facilement jusqu'aux nerfs de l'odorat? Pour répondre à cette question, il faudrait prévenir ce que nous aurons à dire en parlant de l'économie animale. Qu'il nous suffise de savoir en ce moment que l'organe de l'odorat est constitué de manière à nous faire recevoir l'impression des odeurs les plus faibles; et que nous aurons encore à admirer dans cet arrangement la sagesse divine qui ne cesse de s'occuper de nous.

Que l'odorat soit un bienfait, je ne puis me le dissimuler, surtout quand je me délasse auprès de ces objets enchanteurs qui, de toutes parts, environnent l'habitation de l'homme. Je ne jouirais qu'à moitié des beautés du règne végétal, si j'étais privé de cet organe. Mais, par la structure avantageuse de mon corps, deux de mes sens, l'odorat et la vue, éprouvent en même temps le plus pur des plaisirs.

De tous côtés, je découvre une multitude de fleurs en boutons. Elles sont encore sous l'enveloppe, étroitement renfermées dans leurs retranchements ; toutes leurs beautés sont cachées, tous leurs charmes voilés.

Avare infortuné, reconnais-toi dans ce tableau ! Tu t'isoles, tu te concentres en toi-même ; tes vues basses et intéressées rapportent tout à toi ; et tu fais de tes avantages personnels et tes plaisirs particuliers, le centre unique de tes désirs, le cercle étroit de tes actions.

Mais bientôt les rayons pénétrants du soleil ouvriront les fleurs ; ils les délivreront de leurs liens de soie, et les mettront en état de s'épanouir avec magnificence. De quelles agréables couleurs elles brilleront alors ! quels parfums délicieux n'exhaleront-elles pas ! Ainsi l'avare le plus sordide deviendra bienfaisant, dès que la grâce éclairera son âme ; à un cœur de pierre succédera un cœur sensible et compatissant, un cœur susceptible de douces émotions. Par les bienfaisantes influences du soleil de justice, les affections sociales se développent, croissent, s'épanouissent ; la sensibilité ne se concentre plus sur un seul objet ; elle étend au loin ses soins généreux ; elle embrasse tous les hommes : le bonheur est partout où peuvent atteindre ses regards.

Les boutons des fleurs me ramènent à vous, aimable jeunesse. La beauté et les forces de votre âme ne font encore que de naître; vos facultés sont en partie cachées : l'entière espérance de vos parents et de vos maîtres ne se réalisera de longtemps. Ah ! lorsque vous parcourez avec eux la campagne ou les jardins, considérez ces annonces des fleurs, et dites-vous à vous-même : Je ressemble à ce bourgeon naissant; et ceux à qui le ciel confie le soin de mon enfance attendent le développement de mes facultés avec un espoir mêlé de crainte. Ils ne négligent ni dépenses, ni peines, pour me former et pour m'instruire; ils veillent avec la plus tendre sollicitude sur mon éducation; ils aspirent au moment heureux où aux fleurs de la jeunesse succéderont les fruits de l'âge mûr et où je ferai leur consolation et leur joie, en me rendant utile à mes semblables. Ah ! je remplirai une si douce attente. Tendre mère, je te paierai avec usure l'amour dont tu me prodiguas des marques si touchantes; et toi, ô mon cher père, tes vœux seront comblés, en voyant mes efforts seconder les tiens, et me rendre chaque jour plus sage, plus instruit, plus pieux et plus aimable. Je fermerai soigneusement mon cœur aux passions fougueuses de la jeunesse, si funeste à l'innocence, et qui peuvent, en un instant, détruire les plus flatteuses espérances. Au matin de ma vie, je fleuris comme le bouton qui s'ouvre insensiblement; mon cœur palpite de joie; je

Tendre mère, je te paierai avec usure l'amour dont tu me prodigues des marques si touchantes.

n'entrevois que la plus riante perspective, qu'un heureux avenir. Mais si j'étais assez imprudent pour donner entrée dans mon âme aux désirs insensés et aux fausses douceurs de la volupté, ces coupables feux ne tarderaient pas à dessécher et à flétrir mon jeune cœur.

Je me transporte à l'une des plus délicieuses époques de l'année. Dans ce moment où nos jardins et nos campagnes sont parés de tous les charmes du printemps, la nature entière se montre avec la même pompe et offre partout le plus riant aspect. La vertu de la première parole qui forma le monde, a produit ces effets magnifiques. Une seule main, la main du Créateur, en peu de jours a rajeuni la terre, et l'a, pour ainsi dire, créée de nouveau, pour les plaisirs et l'utilité des êtres intelligents et sensibles. C'est lui qui appelle le printemps; il peut seul lui ordonner de paraître, parce que c'est lui seul qui l'a fait. O jours brillants! quelle émotion excite en moi cette suite de tableaux délicieux qui s'offrent à mes sens! Aimable printemps! tu parcours en vainqueur les campagnes amorties par le froid de l'hiver, et tu sèmes à pleines mains les fleurs qui doivent les embellir. Tu parais dans les vallées, et elles se changent en riantes prairies. Tu te montres sur les coteaux; le serpolet et le thym y exhalent leurs parfums. Tu t'élèves dans les airs, et partout se répand la sérénité de tes regards.

Viens, ô homme, viens contempler l'effet du printemps sur les vergers; et si tu as un cœur sensible, essaie de les contempler d'un œil sec! Est-ce à toi qu'est due cette touchante métamorphose? Est-ce ta sagesse, est-ce ta puissance qui l'ont exécutée? Est-il en ton pouvoir de faire fleurir un seul arbre, de produire une seule feuille, d'appeler de la terre le moindre brin d'herbe, d'ordonner à une seule rose de paraître dans tout son éclat?

Approchez, savants artistes, peintres rivaux de la nature; considérez ces fleurs; examinez ces chefs-d'œuvre avec la plus scrupuleuse attention. Que manque-t-il à leur perfection? Trouvez-vous quelque défaut dans le mélange des couleurs, dans les formes, ou dans les proportions? Votre pinceau pourra-t-il exprimer le rouge éblouissant de la fleur du pêcher? Imitera-t-il le pur émail et la simplicité de la parure d'un pommier ou d'un cerisier en fleurs? Ah! que dis-je, imiter! Êtes-vous seulement en état de sentir toute la magnificence de la nature rajeunie, ou de vous faire une juste idée de son art inimitable? Quand il n'existerait sur la terre aucune autre preuve de la puissance et de la sagesse de Dieu, les fleurs du printemps suffiraient pour nous en convaincre.

Il règne entre les fleurs des arbres, comme entre celles d'un parterre, une infinie diversité. Toutes sont belles; mais leurs beautés sont différentes : l'une surpasse l'autre; mais il n'en est aucune qui ne se fasse valoir par quelque agrément qui lui est propre. Quelque magnifique que soit le Créateur dans la distribution de ses dons, il se réserve cependant la liberté d'en départir aux uns plus qu'aux autres. Tel arbre a des fleurs d'une blancheur éclatante; celles d'un autre ont des filets et des nuances qui manquent aux premières; d'autres encore donnent un nouveau prix à la beauté de leurs formes et de leurs couleurs, par les parfums exquis qu'elles exhalent. Mais ces diversités si multipliées ne sont qu'accidentelles, et n'intéressent en aucune sorte leur fécondité. Ainsi, lorsque la nature ne vous favorise pas des mêmes avantages qui brillent dans quelqu'un de vos frères, n'en soyez ni affligés ni découragés. La privation de quelques dons particuliers ne nuit en rien au véritable bonheur. Si vous n'êtes ni aussi riche, ni aussi considéré, ni d'une figure aussi intéressante que d'autres, vous pouvez être aussi heureux et aussi vertueux.

Pourquoi les fleurs des arbres nous plaisent-elles plus encore que les riches couleurs d'une tulipe, d'une oreille-d'ours, d'une renoncule ? C'est que le plaisir que celles-ci nous font en réjouissant nos yeux est très-court et se borne à ce seul objet, au lieu que les autres, en même temps qu'elles nous enchantent par leur odeur et leur coloris, nous font de plus espérer des fruits délicieux. Ne vous arrêtez donc pas à souhaiter l'éclat et les charmes d'une fleur. Ambitionnez plutôt de porter des fruits dont vous puissiez faire usage dans toutes les saisons de la vie, et qui vous restent même au delà du tombeau. L'arbre le plus orné au printemps, mais qui n'est ensuite qu'un arbre stérile, et qui même, par l'ombre qu'il repand, nuit à l'accroissement des plantes qui l'environnent, est regardé avec indifférence, peut-être avec mépris. Tel est l'homme qui, après avoir été doué autrefois de tous les charmes de la figure, de tous les dons de l'esprit, s'est rendu, par l'abus qu'il en a fait, nuisible aux autres et à lui-même. S'il plaît encore à des âmes frivoles, à des cœurs dépravés, il est au moins un objet d'horreur et de pitié pour les vrais sages; et il perd pour toujours les justes récompenses réservées à la vertu.

IX.

Les fruits.

Aux mois où la nature se plaît à étaler ses beautés les plus séduisantes, succède l'heureuse saison où la bonté divine nous prodigue des biens de toute espèce. Les charmes de l'été ont fait place à des plaisirs plus solides : des fruits délicieux ont remplacé les fleurs. La pomme dorée, dont l'éclat est encore rehaussé par des filets couleur de pourpre, fait plier la branche qui la porte. Les poires fondantes, les prunes, dont la douceur égale celle du miel, viennent tenter notre goût, en flattant nos yeux. Ici, la pomme d'api se montre avec son luisant, qu'on prendrait pour un beau vernis; afin de lui procurer le rouge éclatant qu'y appliquera le grand peintre de la nature, une main prévoyante a coupé sagement les feuilles qui pouvaient lui porter une ombre funeste.

C'est avec une sage économie que la nature mesure et départit ses dons. Elle ne les prodigue pas tous à la fois, et de manière à nous accabler de leur abondance. Nos plaisirs sont successifs et variés ; et elle les assaisonne encore, en leur donnant à tous le mérite de la nouveauté. Elle commence par la délicatesse des fruits rouges, et continue de mois en mois, ou plutôt de semaine en semaine, à nous en donner de nouveaux, de toutes les qualités et de toutes les couleurs. S'ils ne sont pas de garde, c'est qu'elle les remplacera bientôt par d'autres. Elle réserve pour la triste saison les productions d'une consistance ferme. Il est vrai qu'à mesure que nous approchons de l'hiver, le nombre des bons fruits diminue considérablement. Mais lorsque la terre, engourdie par le froid, ne produira plus, la serre donnera bientôt à certaines espèces la maturité qui leur avait été refusée sur l'arbre; et l'année deviendra ainsi un cercle perpétuel et de fleurs et de fruits.

Voulez-vous vous former une idée de l'abondance des fruits, et de la profusion avec laquelle Dieu nous les distribue? Malgré la guerre que leur font une multitude d'oiseaux et d'insectes, il nous en reste toujours une incroyable quantité. Calculez, s'il est possible, les fruits que cent arbres portent dans les années fertiles. Vous serez étonné du résultat, et vous admirerez une multiplication qui s'étend, pour ainsi dire, à l'infini. Et pourquoi cette prodigieuse abondance, s'il n'était question que de conserver les arbres et de les propager? Il est donc évident que le Créateur les a destinés à la nourriture des hommes, et particulièrement à celle des pauvres dans les campagnes. Il leur fournit par là un moyen de subsistance peu coûteux, et en même temps si agréable, qu'ils n'ont aucun sujet d'envier au riche ses mets recherchés et trop souvent nuisibles.

Il y a peu de nourriture plus saine que les fruits; et c'est encore une attention de la Providence de nous les avoir donnés dans une saison où ils sont pour nous non-seulement si doux, mais si salutaires. C'est dans la saison chaude et sèche qu'elle nous offre quantité de fruits pleins d'un jus rafraîchissant, tels que les cerises, les pêches, les melons. A l'entrée de l'hiver, elle nous donne ceux qui nous échauffent par leurs huiles, tels que les amandes et les noix. On peut regarder les coques ligneuses de ces dernières comme des préservatifs, par rapport à leurs semences, contre le froid de la mauvaise saison; quoique la nature sache bien faire durer, pendant tout l'hiver, plusieurs espèces de pommes et de poires, qui n'ont d'autres enveloppes que des pellicules si minces, qu'on peut à peine en déterminer l'épaisseur.

Les pommes nous viennent fort à propos pendant les chaleurs de l'été, parce qu'elles tempèrent l'ardeur du sang, et qu'elles rafraîchissent l'estomac et les intestins. La douceur acide, le suc onctueux et émollient des prunes, peuvent les rendre utiles dans bien des circonstances. Elles purgent doucement, et corrigent cette âcreté de la bile et des autres humeurs qui occasionne si souvent des inflammations. S'il y a quelques fruits dont l'usage puisse devenir nuisible, comme on l'assure des pêches, des abricots et des melons, ce n'est guère que par le trop grand usage qu'on en pourrait faire. C'est peut-être aussi, en partie, parce qu'ils n'étaient pas destinés pour notre climat, ou du moins pour les personnes qui ne peuvent obvier par le vin et les aromates à leurs propriétés trop rafraîchissantes.

Avec quel soin la nature n'a-t-elle pas préservé de l'attaque des oiseaux certains fruits si utiles à l'homme! La châtaigne, encore en lait, est couverte de cuir et d'une coque épineuse; une dure coquille et un brou amer protégent la noix tendre. La plupart des fruits mous sont défendus, avant leur maturité, par leur âpreté, leur acidité ou leur verdeur. Ceux qui sont mûrs ne demandent qu'à être cueillis. Les abricots dorés, les pêches veloutées, et les coings cotonneux, exhalent alors les plus doux parfums. Les grappes vermeilles pendent à la vigne; et, sur les larges feuilles du figuier, la figue entr'ouverte laisse couler son suc en gouttes de miel et de cristal. On voit bien que ces fruits sont des présents faits pour l'homme. Ils ne sont pas, comme les semences des arbres des forêts, à une hauteur où il ne puisse atteindre. La même bonté qui a placé à la portée de sa main le bouquet qui doit le parfumer, y a dû mettre aussi le fruit destiné à le nourrir. Nos arbres fruitiers sont faciles à escalader. Tous ceux qui donnent des fruits mous dans leur maturité, et qui auraient été exposés à se briser par leur chute, comme les figuiers, les pruniers, les pêchers, nous les présentent à peu de distance de terre; ceux, au contraire, qui produisent des fruits durs, et qui n'ont rien à risquer dans leur chute, les portent fort élevés, comme les noyers et les châtaigniers.

Enfin. quant au goût, rien de plus délicieux que les fruits. Chaque espèce a une saveur qui lui est particulière; s'ils avaient tous la même, ils perdraient beaucoup de leur prix; cette diversité en rend l'usage plus agréable et plus piquant. Leurs riantes couleurs flattent les yeux, leurs doux parfums l'odorat; et ils semblent formés pour la bouche par leur forme et leur rondeur.

A mesure que j'avance vers ces régions dont les habitants voient le soleil passer et repasser sur leur tête, je trouve de toutes parts des fruits, non-seulement fondants, comme le melon, mais glacés, acides, et pleins d'une eau propre à humecter un sang trop raréfié; tels que les limons, les citrons, les oranges, les ananas. Si de la zone torride je reviens dans notre climat, j'y trouve la vigne, et je m'aperçois qu'elle en occupe les endroits où elle peut mûrir suffisamment pour fournir aux ha-

Rien de plus délicieux que les fruits.

bitants de la zone tempérée et aux peuples septentrionaux, dont le sang est épaissi par le froid, une liqueur spiritueuse et propre à résister au poids d'un air trop engourdi.

Nous avons su naturaliser dans nos climats des fruits qui leur étaient étrangers, et les associer aux nôtres. Ici, l'abricotier, artistement palissé, présente à mes regards, outre ses feuilles d'un vert médiocrement foncé, des fruits pâles d'un côté, et d'un vermillon aussi vif que brillant de l'autre. Ailleurs, j'aperçois ces mêmes fruits en plein vent : le hâle et le soleil les ont brunis ; ils me paraissent panachés, et marqués de petites taches d'un rouge brunâtre. Non loin de là, les feuillages simples et d'un vert brun des pruniers précoces, placés entre les pêchers, servent à relever le vert tendre de ces derniers : ils offrent à mes yeux des fruits, ou rougeâtres, ou d'un jaune doré, ou d'un blanc pâle. Là, le cerisier, paré de ses fruits, étale ses rameaux souples, dont le feuillage, d'un vert brun et obscur, contraste avec le bel incarnat de ses fruits pendant négligemment au bout d'une queue allongée. Mais, en parlant des dons de nos vergers, pourrais-je me refuser à l'éloge particulier de celui qui, par la beauté de sa forme, l'éclat de sa couleur, la douceur de son goût, et sa salubrité, peut en être regardé comme le plus agréable et le plus beau?

Les cerises, par leur douceur mêlée à une agréable

acidité, étanchent notre soif, tempèrent l'agitation du sang dans les ardeurs de l'été, et préviennent la putridité à laquelle nos humeurs ne sont que trop disposées dans cette saison. Leur jus acide contracte les glandes salivaires, rafraîchit la langue altérée, humecte le palais desséché, et nous désaltère par là d'une manière bien préférable, pendant les chaleurs, à toutes ces boissons auxquelles on a si fréquemment recours, et qui, en augmentant la transpiration, ne font qu'échauffer davantage. La vertu bienfaisante de la cerise calme les esprits animaux; elle en modère l'impétuosité et cette trop grande agitation qui affecte les nerfs. Ainsi, le suc d'un seul fruit rafraîchit délicieusement dans les grandes chaleurs, humecte le sang trop raréfié, épaissit les parties fluides du corps, et les empêche de se corrompre.

X.

Un champ de blé.

Le règne végétal est, pour l'observateur attentif de la nature, une école bien instructive de la profonde intelligence et du pouvoir sans bornes de son auteur. Quand notre vie se prolongerait au delà d'un siècle, et que chacun de nos jours serait consacré à l'étude des plantes, il resterait encore à la fin de notre carrière une multitude de choses, ou que nous n'aurions pas aperçues, ou que nous n'aurions pas été en état d'observer suffisamment. Réfléchissez sur la production des végétaux ; examinez leur structure intérieure et la conformation de leurs parties ; songez à cette simplicité et à cette diversité qu'on y découvre, depuis le brin d'herbe jusqu'au chêne le plus élevé ; essayez de connaître la manière dont ils croissent, dont ils se propagent, dont ils se conservent, et les différentes utilités qu'ils ont pour l'homme et pour les animaux.

Considérez avec attention tous les changements que le grain subit en terre. Vous le semez dans un temps déterminé : c'est à cela que se bornent vos fonctions. Mais que fait ensuite la nature, ou plutôt Dieu lui-même, de ce grain que vous avez ainsi abandonné ? Aussitôt que la terre lui a fourni l'humidité nécessaire, il se gonfle : la peau extérieure qui cachait la racine, la tige et les feuilles, se déchire ; la racine perce, s'enfonce dans la terre et prépare la nourriture à la tige, qui fait effort pour s'élever. Celle-ci croît par degrés ; elle développe ses feuilles, qui d'abord sont blanches, puis jaunes, et enfin colorées d'un beau vert ; et quelque faible

Epi de blé.

qu'elle paraisse, elle est cependant munie contre l'intempérie des saisons. Peu à peu elle s'élève et présente un épi dont la couleur récrée les regards de

La faux tranche tout devant lui.

l'homme. Vous l'avez vu croître ; et quoique vous ignoriez comment il croît, il vous annonce assez la fin à laquelle toute cette succession de choses est destinée. Que vous servirait-il d'en savoir davantage ?

Voyez encore comme ces épis chargés de grains diffèrent en hauteur de ceux qui sont maigres et légers ; ceux-ci s'élèvent et dominent sur tout le champ, tandis que les autres plient sous leur propre poids.

Tous les grains qui doivent être moissonnés ne sont pas également bons : combien d'ivraie et d'herbes inutiles mêlées avec le froment ! Tel est l'état de l'homme en ce monde : il trouve toujours en lui un mélange de bonnes et de mauvaises qualités ; et sa corruption naturelle, triste et funeste ivraie, ne nuit que trop souvent aux progrès de la vertu.

Voyez enfin avec quel empressement l'habitant des campagnes accourt pour recueillir les biens de la terre ; la faux tranche tout devant lui. Ainsi, la mort abat tout, les grands et les petits, l'homme juste et le scélérat.

XI.

Le pain.

C'est pour les hommes que, chaque année, les champs se parent de verdure et se couvrent d'épis, dont le fruit, sous leurs mains, se convertit en leur aliment le plus ordinaire. Parmi ceux que le Créateur nous distribue avec tant de profusion et de libéralité, le pain est en même temps et le plus commun et le plus sain. Il est aussi nécessaire à la table du prince qu'au repas du berger ; l'infirme, le convalescent, se sentent restaurés par son usage aussi bien que l'homme en santé. Sans doute, il est particulièrement destiné à la nourriture de l'homme, puisque la plante dont il provient peut se reproduire sous les climats les plus divers, et qu'il est difficile de trouver un pays où le blé ne puisse mûrir.

L'éloge qu'on fait du pain, dont jamais on ne sent mieux le prix que lorsqu'il vient à nous manquer, prouve assez qu'il est un des grands bienfaits de la nature, et le premier des aliments. Le goût pour le pain est celui que nous perdons le dernier, et son retour est le signe le plus assuré de la convalescence. Il convient en tout temps, à tout âge, et à tous les tempéraments ; il corrige et fait digérer les autres nourritures ; il influe sur nos bonnes ou nos mauvaises digestions. On peut le manger avec la viande et les autres mets sans qu'il en change la saveur. Il est tellement analogue à notre constitution, que, dès notre enfance, nous commençons à montrer pour lui une espèce de prédilection, et nous ne nous en lassons jamais. Les mets coûteux et recherchés qu'invente la mollesse ou l'ostentation cessent de flatter le palais par leur fréquent usage : on finit par s'en dégoûter. Au contraire, le pain cause toujours un nouveau plaisir ; et le vieillard, qui durant tant d'années en fit son aliment, s'en nourrit encore avec délices, quand pour lui tous les autres ont perdu leur attrait.

Le pain.

Choisissez parmi ce grand nombre de comestibles ceux que vous préférez aux autres ; en est-il un plus nourrissant, plus fortifiant? L'odeur des aromates est plus piquante ; mais celle du pain, toute simple qu'elle est, sert à nous convaincre qu'il contient des parties essentiellement propres à réparer les pertes que nous faisons à chaque instant de notre propre substance.

Considérons, d'ailleurs, le soin si visible que le Créateur a eu de notre santé en nous assignant le pain pour aliment. Nos humeurs sont sujettes à se corrompre ; il nous fallait donc une nourriture qui pût s'opposer à la corruption ; et cette qualité se trouve dans le pain : comme il nous vient du règne végétal, il a moins de tendance à la putréfaction. Un autre avantage, c'est que, par les différents degrés de consistance qu'on sait lui donner, on peut le rendre propre aux besoins de chaque estomac, et le conserver plus ou moins longtemps.

Après le froment, le seigle, l'orge et le riz, qui sont, selon les lieux, la base de la nourriture des hommes, il n'est aucune plante plus digne de nos soins que la pomme de terre. Elle prospère dans les deux continents : sa récolte ne manque presque jamais ; elle ne craint ni la grêle, ni la coulure, ni les autres accidents qui anéantissent, en un clin d'œil, le produit de nos moissons. Elle est un moyen de parer aux malheurs de la famine ; et, en cas de disette des grains, elle peut prendre la forme du pain et nous nourrir presque aussi commodément. Elle n'a pas même toujours besoin de l'appareil de la boulangerie pour devenir un comestible salutaire et efficace. Les pommes de terre, telles que la nature nous les donne, sont une sorte de pain tout fait : cuites dans l'eau ou sous la cendre, et assaisonnées avec quelques grains de sel, elles peuvent, sans autre apprêt, nourrir à peu de frais le pauvre pendant l'hiver. Cette plante précieuse a déjà contribué à rétablir en Europe la population, à laquelle la découverte du nouveau monde avait porté de si fortes atteintes ; et la main bienfaisante du Créateur semble y avoir réuni tout ce

La pomme de terre.

qu'il est possible de désirer pour faire trouver l'abondance et l'économie au sein même de la cherté et de la stérilité.

Je ne serais pas digne de recevoir le pain qui me nourrit si j'étais insensible au don que Dieu m'en a fait.

Quoi ! je ne remercierais pas ce Père si bon qui fait sortir le pain de la terre pour me sustanter et me fortifier ! Quoi ! semblable à la brute, je jouirais de la nourriture sans songer à celui qui me la donne !

Mais pourrais-je mieux lui prouver ma gratitude qu'en partageant ce pain, que je possède en abondance, avec ceux qui ne le reçoivent qu'en très-petite mesure ? Hélas ! combien d'enfants du même père sont moins heureux que moi, puisqu'ils méritent mieux de l'être ! A peine ont-ils du pain ; tous les autres moyens de pourvoir à leur subsistance leur sont refusés. Et moi, qui ai reçu tous ces biens de la main de Dieu, je refuserais de les partager avec ceux de mes frères qui sont dans l'indigence ! N'ont-ils donc pas le même droit à ses bienfaits ? n'est-ce pas pour procurer aux uns le nécessaire qu'il accorde aux autres le superflu ?

XII.

La vigne et le vin.

Les champs que nous venons de parcourir aboutissent à des collines, à des montagnes qu'on rencontre partout, et dont l'accès est difficile, mais dont l'utilité est incontestable. Ce sont elles qui nous donnent des vues réjouissantes, des amphithéâtres qui animent et varient le paysage, et rendent nos demeures si gracieuses. La main qui a formé la terre en a diversifié la surface avec un artifice admirable, qui attire la reconnaissance à mesure qu'il est mieux aperçu. Elle ne s'est pas contentée de nous donner des terrains unis, de toute nature et de toutes qualités, pour y faire croître les différentes espèces de grains dont nous tirons notre principale subsistance; elle a élevé d'espace en espace des montagnes et des collines, afin de ménager des expositions favorables à la vigne et aux plantes qui ont besoin d'une forte réflexion de la lumière pour mûrir parfaitement leurs fruits. La nature inclina tous ces terrains pour y faire tomber directement le rayon qui serait oblique dans la plaine, et transformer ainsi pour nous en sources d'utilités et d'agréments les lieux les plus irréguliers en apparence.

Il ne faut que considérer les vignes pour sentir combien sont déraisonnables et mal fondées les plaintes que l'on fait quelquefois sur les inégalités de la terre. Jamais la vigne ne réussit bien sur un terrain uni; ce n'est pas même sur toutes sortes de coteaux qu'elle se plaît; elle aime de préférence ceux qui sont tournés au levant ou au midi. Les collines sont autant de grands espaliers que la nature nous invite à garnir, et où la vivacité de la réflexion se trouve unie à l'avantage du plein air. Les coteaux les plus arides, et ces terrains penchants où l'on ne peut mettre la charrue, ne laissent pas de se couvrir tous les ans de la plus belle verdure et de produire un fruit délicieux.

L'arbuste qui nous donne le vin n'a pas plus d'apparence que le terrain qui le nourrit. Qui eût cru qu'un vil bois, le plus informe de tous, le plus fragile, le plus inutile à tout usage, pût produire une liqueur aussi ravissante? Qui lui a donné des qualités si supérieures à la bassesse de son origine et à la sécheresse de sa terre natale? Qui l'a enrichi de ces sucs, de ces feux qui non-seulement se conservent pendant plusieurs années, mais qui peuvent se développer et recevoir des degrés de force bien plus considérables, au moyen de la distillation, qui nous donne cet esprit subtil, diversifié en tant de manières par l'expérience et la curiosité?

Les vignobles ne réussissent pas également en tous les lieux; pour qu'ils prospèrent, il faut qu'ils soient situés entre le 40° et le 50° de latitude, par conséquent vers les contrées tempérées du globe. L'Asie est proprement la patrie de la vigne : de là, sa culture s'est étendue en Europe. Les Phéniciens, qui parcoururent de bonne heure toutes les côtes de la Méditerranée, la portèrent dans la plupart des îles et sur le continent. Elle réussit merveilleusement dans les îles de l'Archipel, et fut dans la suite portée en Italie. Les vignes se multiplièrent sous cet heureux climat; et les Gaulois, qui en avaient goûté la liqueur, passèrent les Alpes et allèrent conquérir les deux rives du Pô. Peu à peu les vignes furent cultivées dans toute la France, et enfin sur les bords du Rhin, de la Moselle, du Necker, et dans d'autres provinces de l'Allemagne.

L'aridité des terrains propres à la culture des vignes peut donner lieu à des réflexions importantes. Souvent les pays les plus disgraciés de la nature sont favorables aux sciences. On a vu s'élever, dans des provinces que leur pauvreté faisait mépriser universellement, des génies dont les lumières ont éclairé l'univers. Point de contrée si déserte, de ville si petite, où certaines branches de science ne puissent être cultivées avec succès : il ne s'agit que de les y encourager. Il en est de même de ces tristes lieux, de ces campagnes, de ces villes d'où la religion, la vertu, les mœurs sont bannies. Chefs des nations, pasteurs, instituteurs, il ne tient souvent qu'à vous de les y faire refleurir, de faire porter à ces terres ingrates des fruits précieux et abondants, du moins par rapport aux générations futures.

La vigne, avec son bois sec et informe, me rappelle aussi ces personnes qui, toutes destituées qu'elles sont de l'éclat de la naissance et des dignités, font compter leurs jours par autant de bienfaits. Combien d'hommes obscurs, et dont l'extérieur ne promet rien, exécutent des entreprises qui les élèvent au-dessus de tous les grands de la terre?

Non content de nous donner en abondance le pain et les autres aliments qui nous sont nécessaires, Dieu a daigné pourvoir aussi à nos plaisirs; et, pour nous rendre la vie gracieuse et affermir notre santé, il a créé la vigne. Les autres boissons, naturelles ou artificielles, ne produisent pas ces effets au même degré : le vin seul a la vertu de dissiper la tristesse, et d'inspirer cette joie également indispensable au bien-être de l'âme et à celui du corps; ces esprits réparent, en un instant, les forces épuisées. Le pain met l'homme en état d'agir; mais le vin le fait agir avec courage, et lui rend son travail agréable. Des liqueurs spiritueuses ne sauraient répandre sur le visage cet air de gaîté que le vin lui donne. Dans la nécessité continuelle où Dieu a mis l'homme de travailler, il n'a voulu ni l'accabler, ni l'abandonner à la tristesse de ses noires pensées : tandis qu'il tire de la terre un aliment propre à le nourrir et à le fortifier, il lui prépare une boisson vivifiante, qui réjouit son cœur et lui fait goûter son état.

La Providence ne se manifeste pas moins dans l'abondance et la diversité des vins : ils sont variés à l'infini, par la couleur, par l'odeur, par le goût, par la qualité, par la durée. On peut dire qu'il y en a presque d'autant de sortes qu'il y a de terroirs : chaque pays produit les vins les plus analogues au climat, au naturel et au genre de vie de ses habitants.

Mais comment les hommes se conduisent-ils à l'égard du vin? Je ne parle pas de ces législateurs qui en ont interdit l'usage, non par des considérations tirées de la santé ou des mœurs, mais pour de fausses raisons d'économie, ou même par fanatisme. Je parle d'abord de la falsification des vins, dans l'intention de remédier à leur aigreur pour en faciliter le débit, surtout de celle qui se fait avec les chaux de plomb ou d'autres ingrédients nuisibles. C'est ici que le cœur humain se découvre dans toute sa perversité. Quoi de plus horrible ! Un pauvre, un malade cherche à se récréer dans sa misère ; il emploie une partie d'un gain chétif à se procurer un peu de vin pour se restaurer, pour adoucir ses peines, et une avarice barbare aggrave ses maux ; elle le rend plus misérable encore, en lui présentant une coupe empoisonnée, où, au lieu de la vie et des forces qu'il cherchait, il ne trouve que la mort !

Un abus bien honteux et bien déplorable encore, c'est que les hommes s'empoisonnent eux-mêmes, et de leur plein gré, par les excès qu'ils font dans l'usage du vin. Cette liqueur est un remède salutaire ; elle soutient la vie ; les esprits qu'elle contient réchauffent et animent nos humeurs, rétablissent et renouvellent nos forces. Mais l'usage du vin devient pernicieux, quand on s'y livre avec excès ; il se change alors en un poison d'autant plus dangereux, qu'il est plus agréable.

XIII.

Les bois et les forêts.

Les bois forment un des plus beaux tableaux que la surface de la terre présente à nos yeux. Il est vrai qu'à la première vue, ce sont des beautés sauvages : on n'aperçoit d'abord qu'un amas confus d'arbres, qu'une vaste solitude. Mais l'observateur éclairé, qui appelle beau non-seulement ce qui a des caractères de grandeur, d'ordre, de symétrie, mais ce qui est vraiment bon et utile, y trouve mille choses dignes de son attention.

Parcourons donc ces belles forêts : elles nous fourniront bien des sujets d'admiration et de reconnaissance. Même après nos promenades dans les champs et les prairies, elles nous intéresseront vivement et nous feront goûter de vrais plaisirs.

Avec l'agréable fraîcheur qu'on éprouve en entrant dans les bois, on ressent encore je ne sais quelle émotion qui plaît. La lumière du jour, affaiblie par l'épaisseur du feuillage, la beauté et la hauteur des arbres, le silence profond qui règne dans ces sombres retraites, toutes ces choses réunies ont un air de nouveauté et de grandeur qui frappe. Elles nous portent au recueillement et nous invitent à méditer. Délicieuses forêts, fontaines jaillissantes, sauvages rochers, que fréquente la seule colombe, aimable solitude, heureux le cœur qui sait apprécier tous vos charmes !

D'abord, la multitude et la diversité des arbres attirent nos regards. Ce qui les distingue les uns des autres, c'est moins leur hauteur que la différence que l'on observe dans leur manière de croître, dans leur feuillage et dans leur bois. Le pin résineux n'est pas recommandable par la beauté de ses feuilles ; elles sont étroites et pointues ; mais elles se conservent longtemps, de même que celles du sapin ; et leur verdure offre encore, durant l'hiver, quelque image de la belle saison. Le feuillage du tilleul, du frêne, du hêtre, a des attraits bien autrement touchants : le vert en est admirable ; il récrée la vue, il la fortifie ; et les feuilles larges et dentelées de quelques-uns de ces arbres font un aimable contraste avec les feuilles plus étroites et plus fibreuses des autres.

La nature a distribué les forêts sur la terre avec plus ou moins d'économie ou de magnificence. Dans quelques pays, on n'en voit que de loin en loin ; dans d'autres, elles s'élèvent majestueusement dans les airs, en occupant d'immenses terrains. La disette du bois dans certaines contrées est compensée ailleurs par son abondance et l'usage continuel qu'en font les hommes, qui le prodiguent si souvent ; les incendies et les hivers rigoureux n'ont pu encore épuiser ces riches dons de la nature. Un intervalle de vingt années nous montre une forêt aux lieux où notre enfance ne nous avait offert que d'humbles taillis et quelques arbres épars.

Si nous eussions assisté à l'ouvrage de la création,

peut-être aurions-nous trouvé à redire à la production des forêts ; peut-être leur aurions-nous préféré ou de riants vergers, ou des champs fertiles. Mais la Providence a prévu les divers besoins de ses créatures, selon les temps et les lieux où elles se trouvent. C'est dans les contrées où le froid est le plus rigoureux, et où le bois est le plus nécessaire à l'homme pour la navigation, que se trouvent le plus de forêts. De leur inégale distribution, je comprends qu'il résulte une branche considérable de commerce, de nouvelles liaisons entre les peuples. Je participe moi-même aux nombreux avantages que les bois procurent aux hommes.

Ce n'est point l'homme qui a été chargé de planter et d'entretenir les forêts. Presque tous les autres biens doivent être acquis par le travail : il faut labourer, ensemencer les terres ; et les moissons coûtent au laboureur beaucoup de sueurs et de peines. Mais Dieu s'est réservé les arbres des forêts. C'est lui qui les plante, qui les conserve ; ils croissent et se multiplient indépendamment de nos soins ; ils réparent continuellement leurs pertes par de nouveaux rejetons ; et ils suffisent toujours à nos besoins. Il est très-remarquable

Intérieur d'une forêt.

que les plantes épineuses sont les premières qui paraissent dans les terres en friche ou dans les forêts abattues. Elles sont très-propres, en effet, à favoriser des végétations étrangères à ces plantes, parce que leurs feuilles profondément découpées, comme celles des chardons et des vipérines, ou leurs sarments courbés en arc, comme ceux de la ronce, ou leurs branches horizontales et entrelacées, comme celles de l'épine noire, ou leurs rameaux hérissés d'épines et dégarnis de feuilles, comme ceux du jonc marin, laissent autour d'elles beaucoup d'intervalles, à travers lesquels les autres végétaux peuvent s'élever et être protégés contre la dent de la plupart des quadrupèdes. Les pépinières des arbres se trouvent au sein de ces plantes. Rien n'est si commun dans les taillis que de voir un jeune chêne sortir d'une touffe de ronces qui tapisse la terre, autour de lui, de ses grappes de fleurs épineuses, ou un jeune pin s'élever du milieu d'une autre touffe jaune de joncs marins. Quand ces arbres ont pris une fois de l'accroissement, ils font périr par leurs ombrages les plantes épineuses qui ne subsistent plus que sur la lisière des bois, où elles ont un air suffisant pour végéter ; mais, dans cette situation, ce sont elles encore qui étendent ces bois d'années en années dans les campagnes. Ainsi, les plantes épineuses sont les premiers berceaux des forêts ; et les fléaux de l'agriculture de l'homme sont les boucliers de celle de la nature.

Jetez les yeux sur la semence du tilleul, de l'érable et de l'orme. De ces graines si petites sortent ces vastes corps qui portent leurs cimes dans les nues. Dieu seul les affermit et les maintient, dans la durée des siècles, contre l'effort des vents et des tempêtes. C'est lui qui leur envoie les rosées et les pluies capables de leur rendre chaque année une verdure nouvelle et d'y entretenir une espèce d'immortalité. La terre qui porte les forêts ne les forme point : ce n'est pas même elle, à proprement parler, qui les nourrit. La verdure, les fleurs et les fruits dont les arbres se couvrent et se dépouillent alternativement ; la séve, dont il se fait une dissipation continuelle, épuiseraient la terre à la longue, si elle en fournissait la matière. D'elle-même, c'est une masse lourde, sèche, stérile, qui tire d'ailleurs les sucs et la nourriture qu'elle distribue aux plantes. L'air et l'eau, sans notre secours, procurent en abondance les sels, les huiles, et toutes les matières dont ces plantes ont besoin.

Une forêt de l'Afrique occidentale.

Vastes forêts, retraites délicieuses, vous nous offrez des bosquets où la nature étale mille beautés intéressantes et variées. Là, un air embaumé circule sous les touffes majestueuses des arbres élevés ; ici, des plantes fleuries mêlent leurs charmes et confondent presque leurs tiges avec les branches abaissées des buissons. Quel doux murmure se fait entendre! Comme ce ruisseau serpente parmi ces fleurs, et répand la fraîcheur et la vie! Comme mon œil repose agréablement sur ces masses de verdure, que le zéphyr agite mollement! Comme il suit cette architecture champêtre! Comme il s'égare à travers les sinuosités de ces berceaux! Comme il revient ensuite parcourir ce parterre émaillé, ce riche tapis, que l'art tentera toujours vainement d'imiter!

A voir la profusion continuelle que nous faisons du bois, on dirait que Dieu, chaque jour, en crée de nouvelles provisions. Il est vrai que l'homme fait de cette matière les usages les plus variés. Le bois se prête à tous les services qu'il nous plaît d'en exiger. Assez tendre pour revêtir toutes les formes, et assez dur pour conserver celles qu'on lui a données, il se laisse aisément scier, courber, polir, et nous nous procurons, par son moyen, beaucoup de choses utiles, commodes et agréables.

Le chêne, dont les accroissements sont fort lents, et qui ne se couvre de feuilles que quand les autres arbres en sont déjà ornés, fournit le bois le plus dur de nos climats; et l'art sait l'employer à une multitude d'ouvrages de charpente, de menuiserie et de sculpture, qui semblent braver le pouvoir du temps. Le bois plus léger sert à d'autres usages; et comme il est plus abondant, et qu'il croît plus vite, il est aussi d'une utilité plus générale. C'est aux productions des forêts que nous devons nos maisons, nos vaisseaux, et tant d'instruments et de meubles dont nous nous passerions si difficilement. En un mot, l'industrie des hommes polit le bois, l'arrondit, le taille, le tourne, le sculpte, et en fait une multitude d'ouvrages aussi élégants que solides.

Il est un grand nombre de besoins indispensables auxquels nous aurions peine à pourvoir, si le bois n'avait l'épaisseur et la solidité convenables. La nature, il est vrai, nous fournit une grande quantité de corps lourds et compacts : les pierres, les marbres, se prêtent à différents usages. Mais il est si pénible de les tirer de leurs carrières, de les transporter, de les travailler ; et ils occasionnent de si fortes dépenses ! Nous pouvons, au contraire, à peu de frais, et sans de grands travaux, nous procurer les plus grands arbres. En enfonçant dans la terre des pieux d'une longueur proportionnée, on assure un fondement solide à des édifices qui, sans cette précaution, s'écrouleraient dans la fange ou dans un sable mouvant; les pilotis forment dans la terre ou dans l'eau une forêt d'arbres immobiles et quelquefois incorruptibles, qui supportent les masses les plus énormes. D'autres pièces soutiennent la maçonnerie, ainsi que le poids des tuiles et du plomb qui composent le toit des bâtiments.

Le bois contient encore le principal aliment du feu, sans lequel l'homme ne pourrait ni apprêter la nourriture la plus commune, ni fabriquer la plupart des objets de première nécessité, ni même conserver ses jours. Le soleil est l'âme de la nature; mais il ne nous est pas libre de dérober une partie de ses rayons pour donner à nos aliments les préparations qu'ils exigent, ou pour fondre communément les métaux. Le bois enflammé supplée, en certains cas, l'astre du jour lui-même, et le degré plus ou moins fort de chaleur dépend de notre choix. Sans cette chaleur bienfaisante que le bois nous procure, les longues nuits d'hiver, les froids brouillards et les vents rigoureux glaceraient notre sang. Combien de fins pleines de sagesse ne s'est donc pas proposées le Créateur du monde, en couvrant de forêts une partie de notre globe !

Cependant, comment envisage-t-on d'ordinaire les diverses utilités qui nous reviennent du bois? Combien peu réfléchissent sur les avantages nombreux dont il est la source! Hélas! pour être trop communs, trop journaliers, ils perdent de leur prix pour la plupart des hommes ! Il est plus aisé, je l'avoue, d'acquérir le bois que l'or et les diamants. Mais cesse-t-il, pour cela, d'être un insigne bienfait de la Providence? ou plutôt, l'abondance du bois, et la facilité avec laquelle on parvient à en faire l'acquisition, n'est-elle pas une raison de plus de bénir le Créateur, qui proportionne si exactement ses dons à nos besoins? Et pour l'usage, que sont les diamants en comparaison du bois?

C'est, sans doute, pendant la rigueur des hivers que nous éprouvons bien sensiblement la grande utilité des forêts; elles nous fournissent, dans cette dure saison, une ample provision de bois, sans laquelle nous ne pourrions nous dérober aux atteintes du froid. Mais gardons-nous de penser que ce soit là leur unique ou même leur principal usage. Si Dieu ne s'était proposé que cette fin en les formant, pourquoi eût-il créé ces forêts immenses qui offrent une chaîne non interrompue à travers des provinces et des royaumes entiers, qui se renouvellent sans interruption, et dont cependant la moindre partie est employée aux besoins immédiats de l'homme? Nous parcourons encore aujourd'hui les bois où les druides, il y a plus de vingt siècles, cueillaient en cérémonie le gui de chêne. Nous retrouvons encore les Ardennes, qui, longtemps avant Jules-César, occupaient une grande partie de la Gaule Belgique. La forêt Noire et celle de Bohême sont les restes de la forêt Hercienne qui couvrait autrefois la Germanie entière et s'étendait jusqu'en Transylvanie. Il est manifeste que Dieu, en formant ces vastes forêts, s'est encore proposé de procurer aux hommes d'autres avantages que ceux qui jusqu'ici ont excité notre reconnaissance.

Le plaisir que nous cause la vue des bois ne serait-il pas une des fins pour lesquelles ils ont été créés? Ils sont une des grandes beautés de la nature ; et c'est toujours un défaut dans un pays d'en être dépourvu. Notre impatience lorsqu'au printemps les feuilles tardent à paraître, et la joie que nous éprouvons lorsqu'enfin elles se montrent, nous font sentir combien elles parent et embellissent notre séjour. L'aspect de la terre serait uniforme et triste sans cette diversité charmante de campagnes et de bois, de forêts et de plaines.

Les forêts, dont les productions nous sont si utiles en hiver, ne nous offrent pas des avantages moins sensibles dans les ardeurs brûlantes de l'été, en procurant à l'homme et aux animaux une fraîcheur aussi salutaire que délicieuse. Voyez le chêne superbe balancer au haut des airs sa cime touffue : il répand sur la plaine, dans un vaste contour, la fraîcheur et l'ombrage. Les troupeaux, brûlés des feux du jour, se rassemblent et s'arrêtent sous son abri impénétrable : longtemps il bravera les vents et les orages. Eh ! qu'est-ce donc quand les chênes, les ormes, et une foule d'autres arbres, se trouvent entremêlés et rassemblés dans une vaste forêt !

Mais, en réfléchissant sur l'utilité des bois, pourrions-nous oublier les fruits que nous donnent les nombreuses familles des arbres? Il est vrai qu'il s'en trouve dont les fruits paraissent n'être pour nous d'aucun usage, au moins direct; mais c'est que nous négligeons d'étendre notre vue. Les fruits de ces arbres qu'on appelle stériles nourrissent une infinité d'insectes qui servent de pâture à des oiseaux destinés eux-mêmes à nous fournir des mets exquis : les baies d'une multitude d'arbres et de buissons plaisent à la plupart des petits oiseaux; les faînes du hêtre, desquelles nous avons su extraire une huile dont on commence à sentir le prix, le gland des chênes, et bien d'autres graines, sont l'aliment favori des porcs et des sangliers. Ces fruits, d'ailleurs, sont destinés à conserver les graines qui perpétuent les forêts.

A combien d'animaux les bois n'ont-ils pas été assignés pour demeure? Ils périraient si les forêts n'existaient pas. C'est là que Dieu leur a préparé une retraite sûre ; c'est là qu'il les pourvoit d'une nourriture abondante; lui seul les y habille : lui seul y régit les lions, les tigres, les léopards, les loups, les cerfs, les chevreuils, les daims, les sangliers, et une infinité d'oiseaux; il les loge et il les y multiplie. Il donne aux uns la force, aux autres la ruse; à ceux-ci la légèreté, à ceux-là de la férocité, pour tirer l'homme de l'indolence, en le tirant de la sécurité. Les forêts déterminent les eaux des pluies, qu'elles attirent; leur feuillage s'acquitte d'une fonction bien importante encore, en contribuant à la salubrité de l'atmosphère.

Ces arbres que nous appelons stériles sont peut-être plus utiles pour nous, par leur taille avantageuse, que les arbres fruitiers eux-mêmes. Et c'est ce qui doit d'autant plus alarmer sur l'abus qu'on en fait et qui en accélère la destruction. Dans la haute antiquité, les forêts couvraient presque toute la surface des grands continents. A mesure que les nations, venues de l'Orient, s'avancèrent dans le Nord et vers l'Occident, elles furent obligées de défricher les terrains qu'elles voulaient habiter. Plus l'Allemagne et la France se peuplèrent, plus on y diminua de l'étendue des forêts. Elles étaient cependant encore si vastes au XIIe siècle, que les seigneurs en abandonnaient communément de très-grandes parties aux religieux qui leur demandaient une retraite. Peu à peu, ces laborieux solitaires transformèrent en terres fertiles des lieux où jamais le bûcheron n'avait porté la hache. Les seigneurs et les communautés qui avaient beaucoup plus de bois qu'il ne leur était nécessaire en convertirent la meilleure partie en terres labourables. Le nombre des habitants s'accrut en proportion des défrichements et de l'augmentation des produits.

Mais on peut excéder dans les meilleures choses ; et peut-être sommes-nous arrivés au temps où, faisant le contraire de ce qu'on faisait autrefois, il faudrait mettre en bois les terres inutiles. Chaque année, le bon père de famille devrait consacrer une portion de son revenu à semer des bois, à planter des arbres. Insensiblement, ses coteaux se trouveraient couverts d'une agréable verdure. Oh ! combien, dans la suite, elle flattera sa vue ! et combien son ombre sera délicieuse ! Voilà, dira-t-il à ses enfants, voilà le travail de mes mains. J'ai doublé la valeur de votre héritage : sachez en jouir, et imitez mon exemple.

Jeune homme qui viens de fermer les yeux au respectable cultivateur à qui tu dois le jour, hâte-toi de marcher sur ses traces. Que chaque année soit marquée par de nouvelles plantations ; et, si tu conserves le goût des plaisirs purs, transporte-toi quelquefois en idée vers ces jours heureux où ta famille, rassemblée autour de toi, sera tranquillement assise sous l'ombrage des arbres que tu auras plantés. Ah ! combien seront agréables les fruits que tu auras cueillis pour elle ! Qu'il sera doux le baiser donné par le plus jeune de ses enfants ! Il exprimera sa reconnaissance et il fera couler de tes yeux des larmes d'attendrissement. Puissent ces sentiments germer dans tous les cœurs ! Puissent enfin nos forêts revivifiées, et nos campagnes de mieux en mieux cultivées, changer la France en un vaste jardin, dont les habitants, au sein du bonheur, jouissent des biens que la Providence leur a si libéralement départis !

XIV.

Plantes d'hiver.

La terre, dans la dure saison, peut être comparée à une mère à qui l'on vient d'arracher ceux de ses enfants qui donnaient les plus belles espérances. Elle se voit solitaire, dépourvue des charmes qui variaient et embellissaient sa surface. Cependant, elle n'est pas privée de tous ses ornements ; c'est même un préjugé de croire que l'hiver soit, en général, nuisible aux plantes. Au contraire, il est incontestable que les variations du chaud et du froid contribuent à leur accroissement et à leur propagation. Dans les climats les plus chauds il y a des déserts immenses, qui seraient bien plus stériles encore, si le froid n'y succédait quelquefois aux brûlantes chaleurs. L'hiver, loin d'être préjudiciable à la fertilité de la terre, la favorise et l'augmente. Les pays les plus froids ont, nonobstant leurs neiges et leurs glaces, des plantes qui réussissent très-bien : et çà et là, pendant l'hiver, on voit sous nos climats des végétaux qui semblent braver ses rigueurs. En effet, sans cette continuelle activité, comment les forêts pourraient-elles nous fournir une si grande abondance et de bois et de fruits? Les sapins, les pins, les genévriers, les cèdres, le mélèze, croissent en cette saison comme dans les autres ; l'épine blanche sauvage montre ses baies purpurines ; le laurier-thym déploie ses fleurs disposées en ombelles et couronnées d'un feuillage qui ne se flétrit point ; l'if s'élève toujours en pyramide, et ses feuilles ont conservé leur verdure : le faible lierre serpente encore autour des murailles, et demeure inébranlable aux coups de la tempête ; les verts rameaux du laurier n'ont rien perdu de la parure des beaux jours; l'humble buis montre, au milieu de la neige, ses branches toujours vertes. La joubarbe, le poivre des murailles, la sauge, la marjolaine, le thym, la lavande, conservent aussi leur verdure. Certaines fleurs croissent même sous la neige. La simple anémone, l'hellébore hâtif, la primevère, les hyacinthes et les narcisses d'hiver, les perce-neige, et toutes sortes de mousses, verdissent pendant le froid.

Les amateurs de fleurs assurent que les plantes des zones froides, mises dans des serres, ne peuvent supporter une chaleur qui passe trente-huit degrés, au lieu qu'elles soutiennent bien le froid, puisqu'en Suède elles croissent pendant l'hiver, de même que la plupart des plantes de la France, de l'Allemagne, de la Russie, et des parties septentrionales de la Chine. Les végétaux des climats extrêmement froids, non plus que ceux qui croissent sur de hautes montagnes, ne peuvent résister à la chaleur. Des monts sourcilleux dont les sommets sont couverts de neige pendant toute l'année ne laissent pas de produire des plantes qui leur sont propres. Sur les rochers de la Laponie, croissent plusieurs végétaux que l'on retrouve sur les Alpes et les Pyrénées, sur le mont Olympe en Thessalie, sur les montagnes du Spitzberg; et on ne les voit point ailleurs. Lorsqu'on les transplante dans les jardins. ils s'élèvent assez haut; mais ils portent peu de fruits. La plupart des plantes qui croissent le mieux dans les pays septentrionaux ne sauraient se passer de neige.

Ainsi, dans l'immense jardin de la nature, il n'y a point de terrain qui soit entièrement stérile. Depuis le sable le plus fin jusqu'aux plus durs rochers, depuis les pays situés sous la ligne, jusqu'aux climats glacés du pôle, il n'est guère de sol qui ne nourrisse quelques espèces de plantes; et aucune saison n'est absolument dépourvue de fleurs et de fruits.

Cette considération sur les arbres et les plantes qui conservent, dans la saison rigoureuse, ce qui les distingue le plus à nos yeux, me conduit à l'idée d'un vénérable vieillard dans l'hiver de ses ans. Que d'orages il a soutenus avec constance ! Que d'objets pleins d'attraits il a vus se faner ! Il existe encore; tandis que la plupart de ceux qui ont paru en même temps que lui sur la terre, en ont été enlevés. Quelques rides que la main du temps ait imprimées sur son front, il est toujours orné de vertus, qui le dédommagent de la perte des agréments d'un plus bel âge. Une douce gaîté, reste heureux de son printemps, rassemble autour de lui un cercle d'amis vertueux. Il reverdit dans ses enfants, et sa sagesse et sa droiture servent d'exemple et de leçons à ses arrière-neveux.

Ah ! puisse l'hiver de ma vie avoir autant de charmes ! puissé-je, après avoir perdu l'éclat de la jeunesse et la vigueur de l'âge mûr, me montrer, dans ma vieillesse, comme un arbre fertile, et inspirer à la génération qui doit me suivre la vénération et l'amour ! Dans peu, la beauté de mon corps se fanera comme la fleur d'été. Heureux si je me trouve alors orné de ces attraits qui naissent de la sagesse, de la vertu, et que le tombeau même ne saurait flétrir !

XV.

Vie des champs et solitude.

La seule description des beautés champêtres a des charmes pour l'homme ; la culture des champs et des jardins en a de bien plus grands encore ; c'est une occupation innocente, et peut-être l'unique dont les peines soient compensées par mille plaisirs.

La plupart des travaux obligent l'homme à se renfermer. Mais celui qui se consacre à la culture des champs se trouve en plein air et respire librement sur le magnifique théâtre de la nature. Le ciel azuré est son dais ; la terre tapissée de fleurs est son plancher ; l'air qui circule autour de lui n'est point corrompu par les exhalaisons empoisonnées des villes : une foule d'objets agréables s'offrent à ses yeux, et, s'il a quelque goût pour les beautés de la nature, les plaisirs réels et purs ne sauraient lui manquer. Au matin. dès que la lumière du jour ouvre le brillant spectacle de la création, il se hâte d'en aller jouir dans les jardins ou dans les champs. L'aurore lui annonce la prochaine arrivée du soleil ; l'herbe fraîche se redresse et ses pointes sont toutes brillantes de gouttes de rosée, qui paraissent autant de diamants, d'émeraudes ou de saphirs. Les parfums délicieux qu'exhalent les plantes et les fleurs viennent de toutes parts l'embaumer et le récréer : autour de lui se fait entendre le ramage des oiseaux qui expriment leur joie et leur félicité ; ils publient à leur manière la gloire du Créateur, dont ils éprouvent aussi les bienfaits.

Et quelles nuits délicieuses succèdent à ces beaux jours ! Voyez l'astre qui y préside, au milieu du firmament, et entouré d'un rideau de nuages que ses rayons dissipent par degrés. Sa lumière se répand insensible-

L'Aurore.

ment sur les montagnes, qui brillent d'un vert argenté. Les vents ont retenu leur haleine ; on entend dans les bois, au fond des vallées, de petits cris, de doux murmures d'oiseaux qui s'agitent dans leurs nids, réjouis par une faible clarté et par le calme qui règne dans toute la nature. Les étoiles étincellent et se réfléchissent du sein des ondes, qui répètent leurs images tremblantes.

Ce qui contribue encore à répandre tant de charmes sur le séjour de la campagne, sur l'agriculture et sur le jardinage, c'est qu'il s'y trouve une infinie diversité d'objets et de travaux qui attachent l'homme en lui offrant sans cesse des choses nouvelles, et qui préviennent ainsi les dégoûts inséparables de l'uniformité. Quelle variété de plantes, d'arbres et de fruits, le cultivateur n'appelle-t-il pas du sein de la terre ! La nature se plaît à le promener par les routes les plus diversifiées. Tantôt ce sont des plantes qui ne font que de naître ; tantôt il en voit qui s'élèvent et se développent ; d'autres encore se montrent en pleine fleur. De quelque côté qu'il tourne les yeux, il découvre des objets nouveaux et intéressants. Le ciel, au-dessus de sa tête, la terre, sous ses pieds, renferment pour lui des trésors inépuisables de plaisirs et d'agréments.

Riches et tristes habitants des villes, que d'heures agréables s'écoulent en vain pour vous ! Si, dans les jours du printemps, où tout respire la gaîté, vous alliez visiter les champs et les jardins, quelles joies pures et innocentes inonderaient vos cœurs ! N'abandonnerez-vous jamais vos demeures chagrines et les affaires qui vous y tiennent emprisonnés, pour aller contempler la magnificence des campagnes ?

Un secret penchant nous y conduit ; et, pour peu qu'on aime à converser avec soi-même, on cherche ces lieux où la méditation devient si facile et si douce. Paisibles retraites, séjour de l'innocence, où, loin des vanités et des plaisirs séducteurs du monde, je peux exister seul avec Dieu, au milieu du spectacle enchanteur que m'offre la nature, que de charmes vous faites éprouver à mon esprit et à mon cœur !

Dans les affaires de la vie, rarement sommes-nous aussi maîtres de nos pensées que nous le voudrions ; d'ordinaire elles paraissent et disparaissent avec la même rapidité ; elles se poussent les unes les autres ;

elles forment un torrent qui nous entraîne. Il n'en est pas ainsi dans le recueillement et la solitude. Notre attention alors est moins interrompue ; elle est plus forte et plus durable. Nous pouvons faire un choix entre les divers objets de nos réflexions ; nous pouvons les considérer sous plusieurs faces, en examiner les différents rapports, nous en occuper de mille manières, jusqu'à ce qu'ils aient produit une vive lumière dans notre esprit, une douce chaleur dans notre cœur, et qu'ainsi l'impression en soit ineffaçable.

Le silence de la solitude, d'ailleurs, nous donne une conscience plus intime de notre existence, de nos forces, de notre dignité. Là, notre âme rentre en elle-même ; là, nous nous réveillons de notre songe ; nous sentons mieux que nous sommes des êtres intelligents, des êtres destinés à l'immortalité. Eh ! combien ce sentiment n'est-il pas plus noble que l'attention que nous donnons à notre corps, à nos richesses, à tous ces avantages, à toutes ces beautés empruntées, qui nous empêchent si souvent de voir ce qui constitue notre véritable prix ! Et lorsque, dans ces instants si précieux, le charme des objets étrangers s'évanouit à nos yeux ; lorsque notre esprit descend, pour ainsi dire, dans le fond de notre être ; ah ! qu'il sent alors vivement que son état actuel n'est pas le plus parfait, qu'il n'est pas ici tout ce qu'il pourrait être ! Que nous apprenons alors, bien mieux que dans le tumulte du monde, à nous connaître avec nos défauts et nos faiblesses ! Là, plus de ces occupations qui nous entraînent, plus de ces plaisirs qui nous étourdissent, plus de ces flatteurs qui nous égarent, plus de ces exemples éblouissants qui semblent autoriser nos inclinations perverses. Abandonnés à nos pensées, à nos affections, les illusions de l'amour-propre se dissipent ; nous attachons davantage notre attention sur nous-mêmes ; on pénètre plus avant dans les replis de son cœur ; on se juge d'après des principes plus vrais.

C'est dans cet état de tranquillité qu'on peut se demander avec plus de franchise : Suis-je bien en effet ce qu'on me croit ? Suis-je cet homme sage, intègre, bienfaisant, droit, tel que mes amis le disent ? Ai-je fait autant de bien, ai-je rendu à la société autant de services qu'on l'imagine ? Ah ! qu'alors, si je suis sincère avec moi-même, je me reconnaîtrai bien différent de ce que je parais ! Que de faiblesse je remarquerai dans mon cœur ! que de fausseté dans mes vertus prétendues ! que d'imperfections dans mes pensées, dans mes actions ! que de défauts, enfin, dont je ne m'aperçois pas au milieu d'une vie dissipée, ou dont je ne voyais tout au plus que l'ombre !

Ce n'est que dans le calme de la solitude, dans ces moments délicieux où le silence règne autour de nous, où nous n'entendons, dans la nature, que la voix de Dieu qui parle à notre esprit et à notre cœur ; où nous nous voyons de toutes parts entourés des effets de sa puissance et de sa bonté ; ce n'est qu'alors que cette réflexion se présente à nous dans toute sa force et sa clarté. Si je suis environné de tant de créatures, de tant de beautés, de tant de biens, Dieu est le père de ces créatures, la source de ces beautés, le conservateur de ces biens. Partout où l'on trouve le mouvement, la vie, l'intelligence, la liberté, là Dieu se manifeste. Puis-je exister un seul moment sans ressentir des preuves de sa présence ?

Solitude aimable et tranquille, solitude consacrée à la sagesse, à la jouissance de soi-même, à des plaisirs célestes, sois bénie à jamais ! Fais sentir à mon cœur, avec une nouvelle énergie, tes divins effets ! Reçois-moi dans ton sein quand le bruit des occupations tumultueuses m'étourdit, et réveille en moi le sentiment des besoins spirituels ! Que j'éprouve tes douces consolations, lorsqu'accablé de fatigues, je ressemble au voyageur qui se voit encore trop éloigné du but, ou qui a eu le malheur de s'écarter du chemin véritable ! Protége-moi contre les railleries de l'homme vain, contre les mépris de l'envie, contre le triste aspect des folies et des crimes, dont le spectacle reparaît si fréquemment sur la scène du monde ! Offre-moi une retraite sûre contre les attaques funestes du doute et de l'incrédulité ; et lorsque les ténebres obscurcissent le sentier que je suis, répands la lumière autour de moi ; apaise le trouble de mon cœur ; éteins le feu des passions injustes et déréglées ; rétablis la paix dans mon âme ; fais-moi jouir de la présence intime de mon Créateur ; fais-moi goûter les joies ravissantes d'une sainte extase ; ouvre-moi les portes du ciel !

L'homme qui a le plus parcouru l'univers, qui a visité ces villes superbes, rendez-vous de tous les peuples, et qui a été le témoin des iniquités en tout genre qui s'y commettent, qu'il sera heureux s'il trouve enfin quelque bourgade, un village, le plus petit hameau, où, dans une tranquille retraite, et environné de voisins paisibles, il puisse se consacrer tout entier aux sérieuses réflexions, au bien de l'humanité, et parvenir ainsi à goûter le seul vrai contentement : celui qui naît du calme et de la paix de l'âme !

XVI.

Les animaux-plantes.

Otez les animaux de dessus la terre, et les plantes n'ont plus de destination. Tout se tient dans le plan du Créateur : tous les êtres sont en rapport d'utilité les uns avec les autres.

De toutes les modifications dont la matière est susceptible, la plus noble, sans doute, est l'organisation. C'est là que la souveraine intelligence se peint à nos yeux par les traits les plus frappants. Le corps d'un animal est un système particulier, plus ou moins composé, qui, comme le grand système de l'univers, résulte de la combinaison et de l'enchaînement d'une multitude de pièces, dont chacune produit son effet propre, et qui toutes conspirent à produire cet effet général que nous nommons la vie. On ne suffit point à considérer et admirer cet étonnant appareil de ressorts, de leviers, de contrepoids, de tuyaux différents, qui entrent dans la construction des machines organiques. L'intérieur de l'insecte le plus vil en apparence absorbe toutes les conceptions du plus profond anatomiste : il se perd dans ce dédale, dès qu'il entreprend d'en parcourir tous les détours.

Combien les machines animales sont-elles supérieures à toutes celles de l'art! Les unes et les autres s'usent par le mouvement; elles souffrent des déperditions journalières; mais telle est l'économie des premières, que chacune des pièces qui les constituent répare sans interruption les pertes que ce mouvement lui occasionne; elle s'étend même en tous sens, par l'incorporation des molécules étrangères que lui fournissent les aliments, sans cesser d'être essentiellement en grand ce qu'elle était auparavant très en petit. Quelles merveilles ne recèle donc pas le secret de la nutrition et du développement! Quel intéressant spectacle ne nous offrirait pas cet ineffable assemblage de tant de milliards d'organes plus ou moins diversifiés, si nos sens et nos instruments étaient assez parfaits pour nous dévoiler en entier le mécanisme et le jeu de chacun de ces moyens, et les rapports qui les enchaînent tous à une fin commune!

L'animal est un être organisé, doué d'un principe de vie, de sensations et de mouvement, qui, par l'attrait du plaisir et le sentiment du besoin, est sollicité à se procurer ce qui convient à sa conservation et à sa propagation.

L'animal ressemble au végétal par l'organisation, l'accroissement, le dépérissement et la mort. Dans l'un comme dans l'autre, un artifice admirable de fibres et de canaux fournit et prépare les substances nourricières qui doivent opérer le développement et l'entretien de la machine. Mais le premier diffère essentiellement du second par le sentiment, qu'il possède d'une manière exclusive.

La principale division du règne animal est celle qui le classe en deux espèces essentiellement distinctes : l'une raisonnable, l'autre irraisonnable. La première a en partage et le sentiment qui l'affecte, et la raison qui l'éclaire sur le bien et le mal moral ; la seconde n'a reçu qu'une faible portion d'intelligence avec le sentiment du plaisir ou du besoin, du bien et du mal physique.

Tout, dans la nature visible, est peuplé d'êtres vivants et animés. Quelle innombrable foule d'espèces, quelle étonnante multiplicité d'individus nous présentent les airs, les champs, les prairies, les forêts, les rivières, les mers, les entrailles même de la terre ! Que d'espèces d'animaux qui contiennent encore une quantité prodigieuse d'espèces subalternes ! Depuis l'invention des microscopes, un nouveau monde d'êtres vivants et animés est venu frapper nos regards ; une seule goutte d'eau, à peine sensible à l'œil, en offre un nombre considérable, qu'à l'aide d'une forte lentille on distingue les uns des autres.

Tandis que les naturalistes pensaient avoir bien caractérisé ce qui appartient au règne animal, et l'avoir exactement distingué du règne végétal, les eaux nous ont offert une production organique qui réunit aux principales propriétés de celui-ci divers traits qui ne paraissent convenir qu'au premier. Des animaux qui, comme les plantes, se multiplient de bouture, par rejetons, et

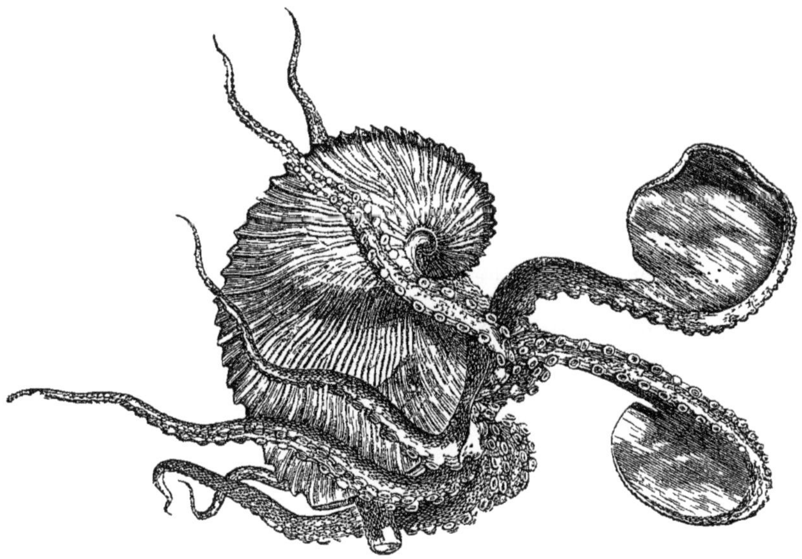

Animaux-plantes (argonaute.)

qu'on greffe comme elles, paraissent de vrais animaux-plantes. Au fond, ce ne sont que de purs animaux, mais qui ont plus de rapport avec les plantes que n'en ont les animaux généralement connus; et c'est cette sorte de rapport que le mot de zoophytes doit réveiller dans l'esprit.

Dans cette classe de substances singulières, parmi lesquelles figure principalement le polype d'eau douce, nous ne comprenons point celles auxquelles on donne aujourd'hui le nom de polypiers, telles que les coraux, les éponges, qu'on avait prises autrefois pour des plantes. Elles sont l'ouvrage de différentes espèces de petits insectes, qui vivent en république au sein des mers, et qui s'y forment une infinité de cellules contiguës, dont l'ensemble, au premier aspect, offre l'image d'une substance végétale. Le polype d'eau douce est un être d'une nature toute différente. Son histoire réunit des phénomènes difficiles à croire, parce qu'ils sont contraires à des lois regardées comme générales. Aurait-on jamais cru qu'il y eût, dans la nature, des animaux qu'on multipliait en les hachant pour ainsi dire en morceaux? Que le même animal, coupé en huit, dix, vingt, trente et quarante parties, fût multiplié autant de fois? Les polypes ont aussi la faculté d'être multipliés par bouture. Ces animaux marchent et changent de lieu, mais avec une extrême lenteur.

Tout le polype, depuis la bouche jusqu'à l'extrémité opposée du corps, n'est qu'un sac creux, dans lequel on n'observe aucune membrane, aucun viscère. Cette peau est ce qui constitue l'animal ; et il y a lieu de penser que, dans son épaisseur, sont contenues toutes les autres parties qui servent au jeu de la machine.

Les polypes s'attachent fortement, par la queue et avec leur glu, contre les parois des substances sur lesquelles ils s'arrêtent. Quelquefois ils se soutiennent à la superficie de l'eau, la tête en bas. On ne leur découvre point d'yeux ; on observe cependant qu'ils aiment la lumière, et qu'ils la recherchent. Ils ne courent point après leur proie ; mais les petits insectes viennent tomber au milieu de leurs bras, qui sont comme des filets continuellement tendus. On a vu deux polypes se disputer un ver qui s'était embarrassé dans ces lacs : chacun se pressait de l'attirer, lorsqu'enfin se rencontrant bouche à bouche, le plus vigoureux termina la querelle, en avalant son concurrent, qu'il garda jusqu'à ce qu'il eût dégorgé sa proie ; après quoi il le rejeta sain et sauf.

La génération des polypes à bras est infiniment curieuse. On remarque à l'extérieur une légère excroissance, qui prend la forme d'un bouton : c'est la tête du polype. Autour de la bouche, commencent à croître les bras. On voit quelquefois sortir d'un seul de ces animaux jusqu'à dix-huit petits. Mais pendant que le polype mère pousse un rejeton, celui-ci en pousse de plus petits ; ces derniers d'autres encore; tous tiennent à la mère comme à leur tronc principal, et les uns aux autres comme branches ou comme rameaux; et, dans cet arbre en miniature, bientôt la nourriture que prend un rameau passe également à tout ce qui compose cet assemblage singulier. La mère et les petits semblent ne faire qu'un tout, et former une espèce de société animale, dont chaque membre participe à la même vie et aux mêmes besoins. Mais il y a cette différence essentielle entre l'arbre végétal et l'arbre animal, que, dans le premier, les branches ne quittent jamais le tronc, ni les rameaux les branches; au lieu que, dans le second, les branches et les rameaux se séparent d'eux-mêmes, vont vivre à part, et donner naissance à de nouvelles végétations semblables à la première.

Tout ici nous transporte dans un monde inconnu ; et, par cette découverte, nos idées sur les œuvres de Dieu se sont fort étendues. Les animaux-plantes fournissent une nouvelle preuve que le Créateur sait distinguer ses ouvrages par des limites très-étroites, et qu'il est presque impossible de déterminer le point où le règne animal finit, et où le règne végétal commence. On croit communément que la différence entre les plantes et les animaux consiste en ce que les premières n'ont ni la sensibilité ni le mouvement accordés aux seconds. Tel est le caractère distinctif des deux règnes. Mais que la nuance est faible! Que la ligne qui les sépare est imperceptible! Les diverses espèces de créatures s'élèvent, croissent en perfection, et s'approchent les unes des autres, de manière qu'on a peine à bien discerner les limites qui les séparent. Partout la nature laisse entrevoir l'infini, comme le caractère propre de son auteur.

XVII.

Les insectes.

Le caractère essentiel qui distingue les insectes de tous les animaux, c'est qu'à proprement parler, ils n'ont point d'os ; ce qui démontre déjà une grande sagesse dans cette partie de leur conformation. Les mouvements qui sont propres à tous les insectes, la manière dont ils sont obligés de chercher leur nourriture, et surtout les diverses métamorphoses qu'ils subissent, ne pourraient pas s'exécuter avec tant de facilité, si leur corps était lié et affermi par des os.

Il semble que l'auteur de la nature se soit complu dans la parure de ces animaux qui nous paraissent si méprisables. Elle a prodigué dans leurs robes, sur leurs ailes et dans leurs ornements de tête, l'azur, le vert, le rouge, l'argent et l'or, les diamants même, les franges, les aigrettes et les panaches.

La même sagesse qui s'est jouée dans leurs divers ajustements, les a armés de pied en cap et les a mis en état de faire la guerre, d'attaquer et de se défendre. Ils ont la plupart de fortes dents, ou une double scie, ou un aiguillon et deux dards, et une vigoureuse pince ; une cuirasse d'écaille les couvre et leur garantit tout le corps. Presque tous trouvent leur salut dans l'agilité de la fuite, et se dérobent au danger : ceux-là, par le secours de leurs ailes ; ceux-ci, à l'aide d'un fil sur lequel ils se soutiennent, en se jetant brusquement à bas des feuillages où ils vivent ; d'autres, par le ressort de leurs pieds, dont la détente les élance à une assez grande distance et les met hors d'insulte.

On est surpris de voir la nature si occupée de la parure et de l'équipage de guerre des insectes ; mais l'étonnement ne fait qu'augmenter, quand on examine l'artifice des organes qu'elle leur a donnés pour vivre, et des outils avec lesquels ils travaillent. Les uns savent filer et ont deux quenouilles et des doigts pour façonner leur fil. D'autres ourdissent des toiles et des filets et sont pourvus en conséquence de pelotons et de navettes. Ceux-ci construisent en bois et ont reçu deux serpes pour faire leurs abattis. Ceux-là travaillent en cire. La plupart ont une trompe, qui sert aux uns d'alambic pour distiller une liqueur que l'homme n'a jamais pu imiter, à quelques autres de vrille pour percer, et presque à tous de chalumeau pour sucer. Plusieurs portent à l'extrémité de leur corps une tarière par le secours de laquelle ils creusent des demeures commodes à leurs familles, dans l'intérieur des fruits, sous l'écorce des arbres, dans l'épaisseur des feuilles et des boutons, souvent dans le bois le plus dur, et même dans le corps d'autres animaux.

Ici, rien n'est l'effet du hasard: les mouvements des petits animaux, qui nous paraissent capricieux et fortuits, tendent aussi réellement à un but que ceux des plus grands. La prudence que nous admirons dans le renard pour s'assurer une tanière, l'industrie que nous remarquons dans l'oiseau pour se fabriquer un nid, nous les retrouvons dans le moucheron, pour loger avantageusement sa petite postérité. Nul insecte n'abandonne ses œufs au hasard : les mères ne se méprennent jamais, et si le petit trouve sa nourriture au sortir de l'œuf, c'est parce qu'elle a choisi le lieu qu'il fallait pour le faire vivre. Dans l'eau où on a fait infuser un grain de poivre, vous verrez ordinairement nager des animaux d'une petitesse extrême : la mère, qui sait que cette nourriture convient à ses petits, n'a pas manqué d'y placer ses œufs. Dans le vinaigre, on n'aperçoit que de petites anguilles, et jamais d'autres animaux. Il en est un qui sait que le vinaigre, ou les matières qui le forment, sont propres pour sa famille : il la dépose sur ces matières ou dans ce liquide, plutôt qu'ailleurs.

Dans les pays où le ver à soie se nourrit en liberté, on trouvera ses œufs sur le mûrier ; jamais sur un autre arbre. On ne rencontre point sur un chou ceux de la chenille qui ronge le chou. La teigne cherche les étoffes de laine, les peaux dégraissées, ou les paniers ; on ne la voit ni sur les plantes, ni dans le bois, ni dans la viande qui se corrompt. C'est au contraire dans cette viande que la grosse mouche vient déposer ses œufs. Ainsi, partout se retrouve la même sagesse qui a inspiré à toutes les mères une tendre sollicitude pour leur postérité.

Le ver à soie.

Au sortir des œufs, il y a des petits qui se trouvent sous leur forme parfaite, qu'ils ne doivent point quitter durant toute leur vie. Les limaçons sortent de l'œuf avec leur maison sur le dos ; ils conservent toujours la même figure et le même logement, si ce n'est que, devenus plus gros, ils ajoutent de nouveaux cercles à leur coquille. Les araignées sont entièrement formées au sortir de l'œuf et ne changent plus que de peau et de volume.

Mais la plupart des autres insectes éprouvent de singulières révolutions, et prennent successivement des figures qui n'ont entre elles aucune ressemblance. Il y a une infinité de ces petits êtres, qui sont composés de deux ou trois corps, organisés tout différemment ; dont le second se développe après le premier et le troisième naît du second. Les chenilles, les mouches, les guêpes, les abeilles ne sont, au sortir de l'œuf, que des vermisseaux, les uns sans pieds, les autres avec des pieds. Les premiers sont à la charge des pères et des mères, qui prennent soin de leur apporter de quoi vivre ou de les placer près de ce qui convient à leur nature. Ceux de la seconde espèce vont eux-mêmes chercher leur subsistance sur les feuilles de l'arbre qui leur est propre et qui est précisément celui où la mère les a déposés. Tous grossissent d'une manière sensible en peu de temps. Plusieurs quittent leur habit et se rajeunissent en paraissant cinq ou six fois sous une peau nouvelle. Ceux des espèces qui admettent quelque changement, passent ensuite par un état moyen, qui prépare leur reproduction, et voici comment cela s'exécute :

Leur vermisseau, après un temps, cesse de manger, et s'enferme dans une sorte de petit sépulcre qui varie selon les espèces. C'est là que, sous une enveloppe qui préserve de toute insulte son extrême délicatesse, il se prépare à une nouvelle naissance. On lui donne alors le nom de nymphe, qui signifie jeune mariée, parce que c'est dans cet état que l'insecte prend ses plus beaux atours. et la dernière forme sous laquelle il doit paraître pour multiplier sa postérité. On l'appelle aussi chrysalide ou aurélie, parce que la pellicule plus ou moins dure dont il est alors revêtu prend, dans certaines espèces, une couleur aussi brillante que celle de l'or.

Enfin, le quatrième état de cette espèce d'insecte, la grande et dernière métamorphose, est lorsqu'ils sortent de leur tombeau, et que, devenus des êtres volants, ils percent les enveloppes qui les retiennent, font sortir les panaches dont leur tête est ornée, déploie leurs ailes et toutes les merveilles de leur résurrection.

Qu'est une chenille? Un vermisseau aveugle et méprisé, qui, pendant qu'il rampe sur le feuillage, est exposé à une infinité d'accidents et de persécutions. Hélas! l'homme a-t-il un sort meilleur dans le monde?

Avant-coureur d'une nouvelle perfection, le sommeil de la chenille ne dure pas toujours. Après sa métamorphose, elle se manifeste sous une forme gracieuse et éclatante. Elle rampait sur la terre; maintenant elle prend son essor et s'élève dans les airs. Elle était aveugle, à présent elle est pourvue d'yeux, et elle jouit de mille sensations agréables qui lui étaient inconnues. Naguère, elle se bornait à une nourriture commune; aujourd'hui, elle vit de miel et de rosée, et varie continuellement ses plaisirs. Image sensible du juste après sa mort; son corps, ici-bas, faible et grossier, se fera voir dès qu'il sera ressuscité, dans un état brillant, glorieux et parfait. Homme mortel, il était attaché à la terre, sujet aux passions, occupé d'objets sensibles et périssables; mais, après sa résurrection, son corps planera sur les mondes; et, d'un regard ferme, il saisira l'ensemble de la création. Déjà même dégagé de la matière, son esprit s'élève bien plus haut encore: il s'approche de la divinité, et se livre aux méditations les plus sublimes. Avant sa mort, il était aveugle dans la recherche de la vérité; maintenant, elle se montre à ses yeux, et il peut en soutenir l'éclat.

XVIII.

Les poissons.

Si un naturaliste ne connaissait d'animaux que ceux qui marchent sur la terre, qui respirent comme nous le faisons nous-mêmes, et qu'on lui dît que dans l'eau il existe une espèce de créatures formées de manière qu'elles peuvent se mouvoir dans cet élément, s'y propager, et y remplir toutes les fonctions animales avec facilité et même avec plaisir, il traiterait peut-être de visionnaire celui qui lui ferait un tel récit, et conclurait de ce qui arrive à nos corps lorsqu'on les plonge dans l'eau, qu'il est absolument impossible de vivre dans ce fluide.

Le genre de vie des poissons, leur structure, leurs mouvements et leur propagation, offrent des phénomènes tout à fait merveilleux, et nous fournissent de nouvelles preuves du pouvoir sans bornes et de l'intelligence ineffable de l'auteur de la nature. Pour que ces animaux pussent exister dans l'élément que leur assigne la Providence, il fallait que leur corps fût tout autrement organisé, relativement à ses parties essentielles, que celui des animaux terrestres ; et c'est aussi ce que l'on trouve en examinant la structure tant intérieure qu'extérieure des poissons.

Pourquoi la nature a-t-elle donné à la plupart de ceux de cette espèce un corps effilé, mince, aplati sur les côtés, et toujours aiguisé par la tête, si ce n'est afin qu'ils pussent fendre les eaux et nager plus facilement? Pourquoi sont-ils couverts d'écailles, si ce n'est afin que leur corps ne puisse être aisément endommagé par la pression de l'eau? Pourquoi plusieurs poissons, particulièrement ceux qui sont destitués d'écailles, ou qui n'en ont que de fort molles, sont-ils enveloppés d'un enduit gras et huileux, si ce n'est afin de les préserver

Poissons volants.

de la pourriture et de les garantir contre le froid? Pourquoi, au lieu d'os, ont-ils des arêtes, si ce n'est afin que leur corps soit plus flexible et plus léger? Pourquoi, enfin, tous les poissons ont-ils les yeux enfoncés dans la tête, si ce n'est afin qu'ils soient moins exposés à les perdre, et que la lumière puisse s'y concentrer? Il est manifeste que, dans l'arrangement de toutes ces parties, le Créateur a eu égard au genre de vie et à la destination de ces animaux.

Ce n'est point à ces objets que se borne ce qu'il y a de merveilleux dans la structure des poissons. Les nageoires sont presque les seuls membres dont ils soient pourvus ; mais elles leur suffisent pour exécuter tous leurs mouvements. Au moyen de la nageoire placée à la queue, ils se meuvent en avant; celle qui est sur le dos dirige les mouvements du corps ; ils s'élèvent par la nageoire pectorale; et celle de dessous le ventre leur sert à se tenir en équilibre.

Un des organes dont les poissons aient le plus de besoin pour nager, c'est la vessie d'air qui est dans l'intérieur. On ne sait pas exactement de quelle manière l'air s'introduit dans cette vessie; on croit y avoir observé un canal qui communique avec la bouche. Ce qu'on sait mieux, c'est que les poissons peuvent, au moyen de certains muscles, en chasser l'air ou le comprimer à volonté, rendre ainsi leur corps plus ou moins pesant, et exécuter les mouvements divers qu'exigent leurs différents besoins. Dès que la vessie s'étend et qu'elle s'enfle, devenus plus légers, ils s'élèvent et peuvent nager vers la surface de l'eau. S'ils la resserrent, et que, par conséquent, ils compriment l'air qu'elle renferme, le corps devient plus pesant que le volume d'eau qu'il occupe, et s'y enfonce. Aussi, quand on pique cette vessie avec une épingle, le poisson va de suite au fond : il n'a plus la faculté de se tenir à la surface, et moins encore de s'y élever. Les poissons rampants, qui ne quittent point le fond de l'eau, tels que le turbot, la sole, la raie, sont privés de cet organe, qui en effet ne leur serait d'aucune utilité.

Jusqu'à nos jours, on avait regardé les poissons comme un peuple de sourds. Cependant on n'ignorait pas que les carpes, qui s'apprivoisent très-bien, accourent à la voix ou au son d'une clochette, pour recevoir leur pâture.

La mer, cet immense bassin qui couvre les deux tiers de notre globe, est remplie de créatures vivantes qui sont en rapport les unes avec les autres, et dont les espèces sont si nombreuses, que nous sommes bien éloignés de les connaître toutes. Au milieu de cette multitude d'êtres animés, il n'y a aucune confusion : on sait les distinguer, et, dans la mer, comme partout ailleurs, règne un ordre parfait. Toutes ces créatures peuvent être rangées sous certaines classes : elles ont leur nature, leur genre de vie, leur nourriture, leur caractère propre, leurs facultés particulières. Il s'y trouve, comme sur la terre, des gradations, des nuances, des passages insensibles d'une espèce à l'autre. La nature y passe du petit au grand ; elle perfectionne insensiblement les espèces, et lie tous ces êtres par une chaîne immense qui les embrasse.

Mais parmi cette prodigieuse multitude d'habitants de la mer, quelle variété ! quelle diversité de destination et de forme ! On trouve, parmi les poissons, les plus grands et presque les plus petits des animaux. Séduit par une apparence trompeuse, le marinier débarque sur le dos de l'énorme baleine, et s'y promène comme dans une île ; tandis que la petitesse d'autres poissons permet à peine de les apercevoir. Quelques-uns sont longs et effilés, d'autres larges et raccourcis ; on en voit de plats, de cylindriques, de triangulaires, de ronds. Il y en a qui sont armés d'une corne ; d'autres, d'une forte épée, ou d'une espèce de scie. Dans ceux-ci, la couleur se confond avec celle de la mer, au point qu'il est difficile de les distinguer ; la nature a paré ceux-là

La baleine.

des plus magnifiques couleurs. Certaines espèces, qui dévasteraient et dévoreraient tout, multiplient très-peu ; d'autres, au contraire, peuplent prodigieusement, parce qu'elles servent à la nourriture des hommes et des animaux.

Ce n'est pas en vain que Dieu a établi l'homme maître

des poissons, comme des autres animaux; et ces barques de pêcheurs ne vont, de toutes les côtes, recueillir les présents de la mer que pour nous rapporter des nourritures également variées et saines. C'est dans ces eaux, dont le goût est si désagréable et si âcre, que Dieu engraisse et perfectionne la chair de tant de poissons, préférables aux oiseaux les plus exquis.

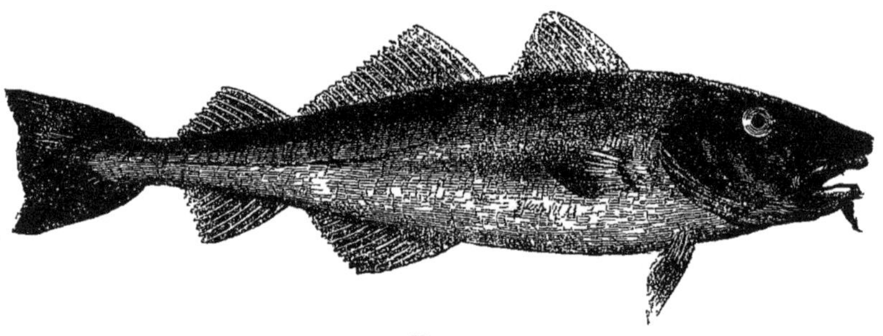

Morue.

Dans un élément où l'on ne sème ni ne recueille, quelle multitude d'habitants et quelle fécondité! Quelle délicatesse, et tout à la fois quelle profusion dans cette libéralité! Que de poissons de toutes les formes, de goûts si variés, de tailles si différentes!

Et nous n'élèverions pas nos cœurs vers l'Être bienfaisant qui, par une direction pleine de sagesse, fait tomber ces poissons dans les filets de nos pêcheurs ! Par combien de moyens il a su pourvoir à l'entretien de notre vie ! Toutes les mers, tous les lacs, tous les fleuves, sont tributaires des hommes. Nous sommes nourris par les armées dont il les peuple. C'est pour nous que les harengs entreprennent leurs voyages ; c'est par eux que Dieu distribue, aux pauvres comme aux riches, aux petits comme aux grands, un aliment sain et peu coûteux. Acceptons avec gratitude ce don de sa main ; et toutes les fois que nous voyons nos tables couvertes des productions de la mer, bénissons celui qui, malgré le nombre prodigieux d'ennemis qui font aux poissons une guerre toujours subsistante et toujours heureuse, entretient sans cesse, entre leur multiplication et leur destruction, ce merveilleux équilibre qui fournit constamment à nos tables les mets les plus abondants.

XIX.

Les oiseaux.

Les oiseaux aquatiques n'habitent pas les eaux à la manière des poissons ; leur organisation diffère beaucoup de celle de ces derniers ; mais, comme eux, ils trouvent leur nourriture dans cet élément. Nous nommons donc oiseaux aquatiques ces oiseaux plongeurs qui, comme la macreuse, la grèbe et le plongeon, ne quittent guère l'eau, et dont les pieds semblent plus faits pour nager que pour marcher ; et par le nom d'oiseaux amphibies, nous désignons ceux qui, comme le cygne, l'oie, le canard, se tiennent également et sous l'eau et dans l'air.

A ce nouveau séjour répond une nouvelle décoration. Les écailles sont remplacées par des plumes, plus composées et plus variées ; un bec prend la place des dents ; aux nageoires succèdent des ailes et des pieds ; des poumons intérieurs et d'une autre structure font disparaître les ouies ; le plus profond silence est banni, et, dans plusieurs espèces, remplacé par les chants les plus mélodieux.

Plus on étudie la structure de l'oiseau, plus on reconnaît que la nature l'a fait pour être habitant de l'air. Son corps est couvert de plumes affermies dans la peau, couchées les unes sur les autres dans un ordre régulier, et garnies d'un duvet mou et chaud. Les grandes plumes sont recouvertes par de plus petites, en dessus et en dessous ; chacune a un tuyau et des barbes ; le tuyau est creux par en bas, et c'est par son moyen que la plume reçoit sa nourriture ; vers le haut, il est rempli d'une espèce de moelle. Les barbes sont une enfilade de petites lames minces et plates, serrées les unes contre les autres des deux côtés.

Au lieu des jambes de devant des quadrupèdes, les oiseaux ont deux ailes, composées de onze os. Dans la peau qui les recouvre sont implantées les plumes des-

L'aigle.

tinées au vol. Ces plumes, renversées en arrière, forment une espèce de voûte, fortifiée encore par deux rangs de plumes plus petites, qui recouvrent la racine des premières. Les ailes ne frappent pas en arrière, comme les nageoires des poissons : elles agissent perpendiculairement contre l'air inférieur ; ce qui facilite extrêmement le vol de l'oiseau. Elles sont un peu creuses, afin de pouvoir saisir plus d'air ; et cependant elles sont si serrées, que cet élément ne peut les pénétrer.

Entre les ailes, le corps est suspendu dans un équilibre parfait, et de la manière la plus commode pour exécuter ses divers mouvements. La tête est plus petite, afin que, par sa pesanteur, elle ne retarde pas la vibration des ailes, et qu'elle puisse être propre à fendre l'air, et à se faire un chemin à travers cet élément. Le principal usage de la queue est de maintenir l'équilibre du vol, et d'aider l'oiseau à monter ou à descendre dans l'air.

Il faudrait fermer volontairement les yeux pour méconnaître ici les traces d'une sagesse et d'une providence infinies. Le corps des oiseaux est disposé, dans toutes ses parties, avec un art et une harmonie qu'on ne se lasse point d'admirer. Il se trouve parfaitement assorti à leur manière de vivre, à leurs différents besoins. La cicogne et le héron, qui doivent principalement chercher leur nourriture dans les marais, ont un bec très-long, et sont fort haut montés, afin qu'ils puissent courir dans l'eau sans se mouiller, et atteindre leur proie bien avant.

Le vautour.

Nés pour vivre de rapine, le vautour et l'aigle sont pourvus de grandes ailes, de fortes serres et de becs tranchants.

Dans les hirondelles, le bec est mince et pointu, la bouche large et fendue jusqu'aux yeux : d'un côté, pour ne pas manquer les insectes qu'elles rencontrent dans leur vol ; de l'autre, afin de pouvoir les percer plus facilement. La trachée-artère du cygne a un réservoir particulier, d'où il tire assez d'air afin de respirer, lorsque sa tête et son cou sont plongés au fond de l'eau pour y chercher sa nourriture. Plusieurs petits oiseaux qui voltigent et sautillent dans des broussailles touffues, ont sur les yeux une pellicule qui les garantit des accidents.

En un mot, la structure de chaque oiseau est, comme nous venons de le dire, appropriée à son genre de vie et à ses besoins divers : chaque espèce est parfaite en son genre ; aucun membre n'est superflu, inutile ou difforme ; tous, au contraire, concourent à l'ornement et à la beauté ; car on ne peut nier que les oiseaux ne doivent être mis au nombre des plus belles créatures. Quelle étonnante diversité de proportions, de couleurs et de chant, depuis le corbeau jusqu'à l'hirondelle ; depuis la perdrix jusqu'au vautour ; depuis le roitelet jusqu'à l'autruche ; depuis le hibou jusqu'au paon ; depuis la corneille enfin jusqu'au rossignol. Tous ces oiseaux sont beaux et réguliers dans leurs espèces ; mais chacun a sa beauté, sa régularité propre et particulière.

C'est ainsi que la vue des oiseaux devient utile et même édifiante pour l'homme qui s'habitue à remonter vers le Dieu qui les a créés. Heureux si nous faisions un pareil usage de ces aimables créatures! Quelle agréable occupation! Quels plaisirs purs et célestes ne

Perdrix rouge.

nous procurerait pas alors leur vive et brillante république!

Dans cette belle saison de l'année où tout semble renaître, et qu'on ne se rappelle guère sans émotion, il se fait dans la nature une révolution que nous ne saurions trop admirer. La ponte des oiseaux, les soins qu'ils se donnent pour faire éclore leurs petits, la tendresse qu'ils leur témoignent pendant leur enfance, rendent la campagne un théâtre de merveilles pour le physicien et pour le contemplateur de la nature.

De grands naturalistes, aidés du microscope, ont suivi, presque d'heure en heure, les progrès du développement du poulet. Mais que de mystères encore se dérobent à nos recherches! Comment le germe se trouve-t-il dans l'œuf? Et qui lui a donné la faculté de recevoir, au moyen de la chaleur que lui communique la poule, la vie avec le sentiment? Qu'est-ce qui met en mouvement les parties essentielles du petit volatile? et quel est cet esprit vivifiant qui pénètre jusqu'au cœur, et en détermine les battements? Qui inspire aux oiseaux l'instinct de se multiplier par une voie qui leur est commune à tous? Savent-ils que leurs petits sont renfermés dans des œufs? Qui les engage à rester sur le nid tout le temps nécessaire pour les y faire éclore?

La structure des nids nous découvre une multitude d'objets qui ne sauraient être indifférents à l'homme qui réfléchit et cherche à s'instruire. Comment n'admirerait-on pas ces petits édifices si réguliers, composés de tant de matériaux si différents, rassemblés et arrangés avec tant de choix et tant de peines, construits avec tant d'industrie, d'élégance et de propreté, sans

Le nid.

autres outils qu'un bec et deux pieds? Que la main des hommes puisse élever, selon toutes les règles de l'art, de grands et beaux édifices, je n'en suis point étonné : les artistes sont doués de raison; ils ont en leur disposition mille instruments divers; et les matériaux s'offrent à eux en abondance. Mais qu'un oiseau, à qui presque tout manque de ce qui serait nécessaire pour un tel ouvrage, réunisse tant d'adresse, de régularité et de solidité dans son architecture, c'est ce que je ne puis assez admirer.

En général, chaque espèce a sa méthode particulière de se loger. Les uns se placent dans les maisons, les autres dans les arbres; ceux-ci sous l'herbe, ceux-là dans la terre; mais toujours de la manière la plus convenable à leur sûreté, à l'éducation de leurs petits, à la conservation de leur espèce.

Tout ce qui est nécessaire à la conservation de l'individu et à celle de son espèce, l'animal semble l'exécuter du premier coup, sans préparation, sans étude, sans expérience, sans imitation, et aussi parfaitement que si l'ouvrage était le résultat de la plus longue habitude ou des réflexions les plus profondes. Les bêtes, même en société, ne font guère que les progrès que chacune aurait faits séparément. Le commerce d'idées que le langage d'action établit entre elles étant très-borné, chaque individu n'a presque, pour s'instruire, que sa seule expérience. S'ils n'inventent, s'ils ne perfectionnent que jusqu'à un certain point, s'ils font tous la même chose, ce n'est pas qu'ils se copient ; c'est qu'étant tous jetés au même moule, ils agissent tous pour les mêmes besoins, et par les mêmes moyens ; et leur éducation est bientôt achevée.

Quelque peine, après tout, quelques difficultés que nous éprouvions à expliquer ces mystères de la nature, et quoi qu'il en soit des facultés des oiseaux, toujours est-il certain qu'elles sont l'effet d'une puissance et d'une sagesse supérieures à notre intelligence. Mais, puisqu'ils sont incapables de remonter à leur créateur, acquittons-nous pour eux de l'hommage qu'ils ne peuvent lui rendre ; usons du flambeau de la raison dont nous sommes doués, pour faire sans cesse de nouveaux progrès dans la connaissance de Dieu ; et employons nos lumières à glorifier son nom.

La plus grande partie des oiseaux qui, pendant l'été, trouvaient leur demeure et leur nourriture dans nos campagnes, nos jardins et nos forêts, quittent en automne des climats qui ne fournissent plus à leurs besoins, et passent dans d'autres pays. Il n'en est qu'un petit nombre, tel que le loriot, le grimpereau, la corneille, le corbeau, le moineau, le roitelet, la perdrix et la grive, qui nous restent durant la saison rigoureuse; les autres s'absentent pour la plupart, ou nous abandonnent entièrement.

Quelques espèces, sans prendre leur essor fort haut, et sans partir de compagnie, tirent peu à peu vers le sud, pour aller chercher des grains et des fruits qu'elles aiment de préférence; mais elles reviennent bientôt. D'autres, et ce sont les vrais oiseaux de passage, se rassemblent en certaines saisons, partent par troupes, et se rendent dans de nouveaux climats. Quelques-uns se contentent de passer d'un pays dans un autre, où l'air et la nourriture les attirent; il en est qui traversent les mers et entreprennent des voyages d'une longueur surprenante.

Les oiseaux de passage les plus connus sont les cailles, les canards sauvages, les pluviers, les bécasses, les hirondelles et les grues, avec quelques autres oiseaux qui se nourrissent de vers. Les cailles, au printemps, passent d'Afrique en Europe, pour y jouir d'une chaleur modérée. En automne, elles profitent d'un vent de nord pour quitter l'Europe, et, dressant en l'air une de leurs ailes comme une voile, battant de l'autre comme d'une rame, elles rasent les flots de la Méditerranée, et vont chercher dans l'Egypte et dans la Barbarie une température douce et semblable à celle des climats qu'elles abandonnent. Elles se réunissent par troupes, quelquefois comme des nuées; et assez souvent elles tombent de lassitude sur les vaisseaux, où on les prend sans peine.

C'est vers la fin de septembre ou au commencement d'octobre, suivant la température de la saison, que les hirondelles quittent nos contrées, pour passer dans les pays chauds. Elles se rassemblent alors en grandes troupes, sur les cordons et les faîtes des édifices, et font entendre sans cesse un cri de ralliement. Toutes les familles de la même espèce se réunissent pour se préparer au départ : la caravane s'accroît encore par la jonction d'hirondelles d'espèces différentes, qu'un même instinct porte à se joindre avec d' autres pour voyager de conserve. On a vu nos hirondelles d'Europe arriver au Sénégal dans la seconde semaine d'octobre ; on les rencontre même en mer. Mais elles ne nichent pas dans cette contrée brûlante ; elles en repartent sur la fin de mars, et reviennent habiter les lieux qu'elles avaient quittés l'automne précédent. Un naturaliste s'en est assuré par une expérience fort simple. Ayant attaché aux pieds de quelques hirondelles un fil teint en détrempe, il revit, l'année suivante, ces mêmes oiseaux avec le même fil, qui n'était point décoloré; ce qui prouve en même temps qu'elles ne vont point se plonger dans les marais, comme on l'a prétendu absurdement.

Mais les hirondelles domestiques ne reviennent pas pondre dans le nid de l'année précédente : elles en construisent un nouveau au-dessus de l'ancien, si le lieu le permet. On a vu jusqu'à quatre de ces nids, construits d'année en année, les uns au-dessus des autres, dans le même canal de cheminée.

Les grives, les étourneaux, les cailles, les pinsons, les fauvettes, partent en automne; et c'est alors que les bécasses et les bécassines arrivent dans nos contrées. L'étourneau cependant n'est proprement oiseau de passage que dans les pays froids, tels que la Suède. Dès que les étourneaux ne nichent plus, ils se rassemblent en grandes troupes. Leur manière de voler est singulière, et ne se retrouve dans aucune autre espèce : on la dirait soumise à une sorte de tactique. Ils tourbillonnent sans cesse en l'air ; et, tandis que leur instinct les entraîne vers le centre du tourbillon, la rapidité de leur vol les emporte continuellement au delà. Ils circulent ainsi et se croisent en tous sens ; et la sphère entière paraît tourner sur elle-même, sans suivre de direction constante. Au reste, ce tournoiement n'est pas inutile aux étourneaux : il écarte les oiseaux de proie, qui se trouveraient mal de s'engager dans l'épais tourbillon, où ils seraient exposés à mille chocs divers.

Les canards sauvages vont aussi, aux approches de l'hiver, chercher des climats plus doux. Tous s'assemblent à un certain jour et partent de compagnie. D'ordinaire, ils s'arrangent sur une longue colonne, ou sur deux lignes réunies en un point, comme un V renversé, un d'eux à la tête, suivi des autres dans les rangées qui vont toujours en s'éloignant davantage. Le canard qui forme la pointe, fend l'air; il facilite ainsi le passage à ceux qui suivent, et dont le bec est toujours posé sur la queue de ceux qui les devancent. L'oiseau conducteur n'est qu'un temps chargé de cette pénible tâche : il passe ensuite de la pointe à la queue, pour se reposer, et il est relevé par un autre.

De longs triangles d'oies sauvages et de cygnes vont et viennent chaque année du Midi au Nord, ne s'arrêtent qu'aux limites brumeuses de l'hiver, passent sans s'étonner au-dessus des cités de l'Europe, et dédaignent leurs campagnes fécondes, sillonnées de blés verts au milieu des neiges.

Mais, de tous les oiseaux voyageurs, ceux qui exécutent les courses les plus longues et les plus hardies, ce sont les grues. Originaires des contrées septentrionales, les grues parcourent les régions tempérées, et s'enfoncent dans celles du Midi. Elles s'élèvent à une grande hauteur dans les airs, et s'y disposent en ordre de bataille. Leur phalange forme une espèce de triangle propre à diminuer la résistance que l'élément léger apporte à la rapidité de leur vol. Mais, si le vent devient impétueux, et qu'il menace de les rompre, elles se disposent en cercle, en se resserrant de plus en plus. Elles en usent de même à la rencontre des grands oiseaux de proie, dont elles ont à repousser les attaques. C'est, pour l'ordinaire, dans les ombres de la nuit qu'elles fendent les airs ; et leur voix éclatante annonce au loin leur passage. On dirait qu'elles ont un chef qui dirige la marche et qui les avertit fréquemment, par un cri, de la route qu'il tient : la troupe répète ce cri, comme pour faire entendre qu'elle suit et garde la direction qui lui est marquée. Pressentent-elles l'orage, elles abaissent leur vol et se rapprochent de la terre. Quand elles s'y rassemblent pendant les ténèbres, elles ont soin d'établir une garde, qui veille tandis que la troupe dort, et qui l'avertit par un cri du danger qui la menace.

Ces grands oiseaux émigrent dès les premiers froids de l'automne : on les voit alors passer du fond de l'Allemagne en Italie, et poursuivre leur marche vers le Midi. Ils nichent dans les marais du Nord. A peine l'éducation de la famille est-elle achevée, que le temps du départ arrive : les petits se mettent en route avec ceux dont ils tiennent le jour, et que déjà ils peuvent accompagner dans leurs longues traversées.

Les vrais oiseaux de passage émigrent périodiquement dans une certaine saison ; mais il arrive quelquefois qu'on observe de nombreuses migrations d'espèces sédentaires, soit que des orages violents les chassent des lieux qu'elles habitent, soit qu'elles viennent à y manquer de subsistances. Ce sont là des migrations irrégulières, qui n'ont lieu que trois ou quatre fois dans un siècle, et dont le *bec-croisé* et le *casse-noix* fournissent des exemples.

Tous les oiseaux de passage ne se rassemblent point en troupes. Il en est qui font le voyage seuls ; d'autres ne le font qu'avec leur propre famille ; d'autres émigrent par petites compagnies. Ce sont les pères et les mères qui rassemblent les enfants, lorsque le temps du départ approche. Plusieurs familles se réunissent pour faire une même caravane, se mettre par là en état de surmonter les résistances, et de s'opposer à leurs ennemis.

Mais pourquoi, quand la température de l'air leur permettrait de rester, et qu'ils trouvent encore des aliments, ne laissent-ils pas de s'éloigner de nos régions au temps désigné? Lors même que nos contrées cessent de leur être favorables, d'où savent-ils que d'autres climats leur sont convenables? Par quelle raison s'éloignent-ils tous en même temps, comme s'ils avaient unanimement fixé d'avance le jour de leur départ? Comment, dans l'obscurité des nuits, et sans connaître ni le pays, ni les climats, poursuivent-ils si constamment leur route ?

Homme défiant, réfléchis sur les vues admirables de la divine providence, et rougis de tes inquiétudes. Comment peux-tu te livrer au découragement, aux craintes, aux soucis? Ce Dieu qui daigne être le guide des oiseaux du ciel, ne te conduira-t-il pas avec la même tendresse, toi qu'il daigna douer de la raison? L'homme, ce roi des animaux, serait-il moins qu'eux l'objet des soins du Créateur?

XX.

Les quadrupèdes.

La classe des quadrupèdes n'est pas moins intéressante à considérer que celle des oiseaux. Ce sont deux perspectives d'un genre différent, mais qui ont quelques points de vue analogues. En entrant même dans ce nouveau domaine de la nature, on se trouve embarrassé pour décider à laquelle des deux classes appartiennent certains êtres, qui, sous quelques rapports, sont de la première, et, sous d'autres, font partie de la seconde.

Des oiseaux velus, dont les oreilles sont saillantes, dont la bouche est garnie de dents, et le corps porté sur quatre pattes armées de griffes, sont-ils de véritables oiseaux? Des quadrupèdes qui volent à l'aide de grandes ailes membraneuses, sont-ils de vrais quadrupèdes? Tel est le problème que nous laissent à résoudre la chauve-souris et l'écureuil volant.

La première, dont les membres nous paraissent si bizarrement découpés, et, en apparence, mais non par rapport à leur destination réelle, si disproportionnés avec le corps, est beaucoup plus quadrupède qu'oiseau. Elle a tous les viscères du premier; et leur structure est essentiellement la même que dans celui-ci. Comme les quadrupèdes, elle produit des petits vivants, et les allaite. C'est donc seulement par la faculté de voler que la chauve-souris se rapproche de l'oiseau.

Quant à l'écureuil volant, qui a de grands rapports avec l'écureuil commun, il se rapproche beaucoup moins de l'oiseau par la faculté de voler que la chauve-souris. Il n'a pas proprement, comme elle, des ailes membraneuses; mais sa peau lâche et plissée sur les côtés du corps, est susceptible d'une assez grande extension, qui accroît le volume de l'animal, le soutient en l'air, et lui donne une plus grande facilité pour s'élancer d'un arbre à l'autre.

D'un autre côté, l'autruche, cet être singulier, qui court plutôt qu'il ne vole, vient se placer sur les confins qui séparent l'espèce volatile du quadrupède. Cet

La chauve-souris.

oiseau colossal, attaché à la terre par la pesanteur de sa masse, dont le poids moyen pourrait être évalué à quatre-vingts livres, est si bien privé de la puissance de voler, qu'à proprement parler, il n'a point d'ailes. Les espèces d'ailerons qui en tiennent la place sont plutôt des bras, revêtus de longs filaments soyeux détachés les uns des autres, et qui ne peuvent frapper l'air avec avantage. Sa queue est garnie de pareilles soies, dont la position et l'arrangement ne sont rien moins que propres à former une espèce de gouvernail. Sa tête et ses flancs sont presque nus. Ses cuisses, très-grosses et très-musculeuses, s'articulent à des jambes proportionnées ; et ses grands pieds nerveux et charnus, qui n'ont que deux doigts situés en avant, ressemblent fort à ceux du chameau. Ses yeux, qui imitent ceux de l'homme, peuvent se diriger ensemble vers le même objet.

L'autruche, qui, par son extérieur, soutient des rapports si marqués avec le quadrupède, s'en rapproche encore plus à l'intérieur. Son squelette offre une multitude d'analogies avec celui de ce dernier; et les parties molles en présentent de plus nombreuses et de plus frappantes encore; de sorte qu'on peut dire que l'autruche est mi-partie oiseau et quadrupède.

Les quadrupèdes sont bien moins nombreux en espèces que les oiseaux. On n'en connaît guère que deux cents, dont plus du tiers appartiennent à nos contrées, tandis qu'il existe douze ou quinze cents espèces d'oiseaux.

Mais il y a aussi des analogies que nous ne devons pas omettre, puisqu'il est des naturalistes qui se plaisent à les faire remarquer; telles surtout que celles qui se trouvent dans les mœurs, les habitudes, la nature de ces deux classes, et que de pareilles analogies nous

L'autruche.

montrent le Créateur maître de la matière qu'il a mise en œuvre, et se jouant en quelque sorte dans ses ouvrages. En comparant donc, sous le rapport des habitudes et des mœurs, les oiseaux aux quadrupèdes, il paraît que l'aigle, noble et généreux, est le lion; que le vautour, cruel, insatiable, est le tigre ; le milan, la buse, le corbeau, qui cherchent de préférence les vidanges et les chairs corrompues, sont les hyènes, les loups et les chacals. Les faucons, les éperviers, les autours, et les autres oiseaux chasseurs, sont les chiens, les renards et les lynx. Les chouettes, qui ne vivent et ne chassent que la nuit, seront les chats. Les hérons, les cormorans, qui vivent de poissons, seront les castors et les loutres. Les pics seront les fourmiliers, puisqu'ils se nourrissent de même, en tirant également la langue pour la charger de fourmis. Les paons, les coqs, les dindons, tous les oiseaux à jabot, représentent les bœufs, les chèvres, et les autres animaux ruminants. De manière qu'en établissant une échelle des inclinations, des habitudes, et présentant le tableau des différentes façons de vivre, on retrouvera, dans les oiseaux, les mêmes rapports et les mêmes différences qu'on observe dans les quadrupèdes ; peut-être même les nuances en seront-elles plus variées.

L'organisation animale s'élève par degrés. Déjà les oiseaux nous l'ont fait voir très-perfectionnée ; mais, chez les quadrupèdes, cette perfection, portée à un point beaucoup plus considérable encore, s'élève pour ainsi dire jusqu'à celle de l'homme. Aussi ne nous arrêterons-nous point ici à considérer la structure extérieure et intérieure des quadrupèdes, la manière dont

Louve dans une forêt

s'opèrent chez eux la nutrition, la circulation. En traitant de plusieurs de ces objets dans les considérations sur l'homme, ils se trouveront en même temps expliqués pour ce qui concerne les quadrupèdes.

C'est un spectacle touchant de voir combien, parmi

ceux mêmes qui sont les plus féroces, les soins qu'inspire aux mères l'amour de leurs petits changent leur caractère. Sur le point de mettre bas, la louve cherche dans les bois le lieu le plus fourré; elle y aplanit un certain espace, en coupant et en arrachant les épines avec ses dents. Elle le couvre d'un lit épais de mousse ou de menues herbes, pour que ses louveteaux soient couchés mollement. Elle les allaite pendant plusieurs semaines, et leur apprend ensuite à manger de la chair, qu'elle a soin de leur préparer en la mâchant. Bientôt elle leur apporte des proies vivantes : des mulots, des levrauts, des perdrix, ou d'autres volailles. Ils jouent avec ces animaux, et finissent par les étrangler. La louve ensuite les plume et les écorche, et, après les avoir dépecés, elle en fait la distribution à sa famille. Devenus.plus forts, les petits commencent à suivre leur mère, qui les mène boire à quelque mare voisine, et les ramène au gîte. Elle les défend avec une intrépidité admirable, s'oublie elle-même, ne songe qu'à eux, et s'expose à tout pour les sauver.

Moins hardie et moins courageuse que le lion, la femelle de ce noble animal le surpasse en intrépidité lorsqu'elle a des petits. L'amour maternel devient chez elle une passion furieuse : nul danger qu'elle ne brave, quand il s'agit de pourvoir à leur nourriture ou de les défendre. Elle se jette alors sur les hommes et sur les animaux, les met à mort, se charge de sa proie, la porte à ses lionceaux, la leur partage, et les accoutume ainsi à se repaître de chair et de sang. Avant de mettre bas, elle s'est retirée dans des lieux écartés et presque inaccessibles ; et, pour n'être point découverte, elle dérobe ses traces en retournant plusieurs fois sur elles, ou en les effacant avec sa queue. Si ses craintes augmentent, elle transporte ailleurs ses nourrissons ; et si l'on tente de les lui enlever, elle les défend jusqu'à la dernière extrémité.

Si, parmi ces animaux, la férocité fait place à la tendresse pour leurs petits, on ne sera point étonné de retrouver ce sentiment chez des êtres plus doux. Voyez ces souterrains si merveilleusement fabriqués par la taupe, cet industrieux habitant de la campagne, qu'on a cru faussement sans yeux, parce qu'il en a de très-petits, difficiles à reconnaître sous le poil qui les cache. C'est dans cette retraite qu'à l'abri des insultes des animaux carnassiers, loin du trouble et du bruit, la taupe élève sa nombreuse famille dans une tranquille obscurité qui assure son bonheur, comme elle l'assure presque toujours parmi nous.

Tout le monde connaît ces dômes, ou taupinières, qu'on rencontre partout dans les jardins et les prairies; les plus grands, les plus élevés recèlent le logement de la famille. Sous cette voûte solide, soutenue par des cloisons ou piliers, de distance en distance, et si compacte, qu'elle en devient impénétrable à l'eau des pluies, qui ne peut même y séjourner à cause de la convexité de l'édifice, la taupe élève un petit tertre, qu'elle recouvre d'herbes et de feuilles, pour servir de lit à ses petits : ils se trouvent ainsi placés au-dessus du niveau du terrain voisin et à l'abri des petites inondations. A ce tertre communiquent divers sentiers, fermes et bien battus, qui descendent plus bas et partent comme d'un centre commun. Ils servent tout à la fois au transport des vivres et d'issues pour échapper au danger. Les provisions consistent d'ordinaire en des fragments de racines ou d'oignons, qui paraissent être les premières nourritures que la taupe donne à sa famille ; elle y substitue ensuite des insectes et des vers. Si l'on entreprend de pénétrer dans le souterrain, attentive au moindre bruit, elle songe aussitôt à mettre ses petits en sûreté, et s'efforce de les transporter ailleurs.

Aussi vif, aussi léger, aussi industrieux que l'oiseau, le gentil écureuil sait, comme lui, construire un nid

L'écureuil.

sur les arbres. Une seule ouverture étroite, ménagée vers le haut, donne entrée dans ce petit logement, dont la capacité et la solidité lui procurent une existence facile et sûre au sein de sa famille. Un petit toit, construit au-dessus de la porte, en forme de chapiteau conique, met l'intérieur à couvert de la pluie, et facilite l'écoulement de l'eau.

Chaque animal a un caractère qui lui est propre, et qui se manifeste par une disposition particulière à certains actes, par l'air, la contenance, en un mot, par toute l'habitude extérieure ou l'ensemble du sujet. Le courage est l'apanage du lion ; la férocité, celui du tigre. On connaît la voracité du loup, la fierté du cheval, la gloutonnerie du porc, la stupidité de l'âne, la docilité du chien, la malice du singe, la finesse du renard, la subtilité du chat, la douceur de l'agneau, la timidité du lièvre, la vivacité de l'écureuil. Ces divers caractères sont susceptibles de modifications : on adoucit jusqu'à un certain point les plus féroces. Dans le premier âge, le loup s'apprivoise assez facilement, et semble se rapprocher de la docilité du chien, avec lequel il a d'ailleurs de grands rapports de conformation. Mais son naturel féroce n'est jamais que masqué par la domesticité et l'éducation ; dès qu'il a pris un certain accroissement, le fond de son être se décèle ; et il mord cruellement la main qui le nourrit ou le caresse.

L'ours peut aussi acquérir une certaine docilité, et se soumettre à une direction également adroite et courageuse. Mais le naturel, qui ne saurait être détruit, reparaît toujours ; et l'ours ne cesse point d'être ours. Cet animal est très-susceptible de colère ; et elle tient toujours chez lui de la fureur, souvent aussi du caprice. Quoiqu'il paraisse doux pour son maître et même obéissant, on doit s'en méfier et le traiter avec circonspection. Pour lui donner une espèce d'éducation, il

La panthère d'Afrique.

faut le prendre jeune et le contraindre pendant toute sa vie.

Toujours altéré de sang et jamais rassasié, le tigre, qui déchire et dévore tout être vivant qu'il rencontre, le tigre, farouche et cruel par essence, ne cède ni à la force ni à la contrainte; et son naturel sanguinaire demeure constamment indomptable. L'ocelot, aussi avide de carnage, mais bien moins puissant, ne fléchit pas davantage sous la main de l'homme. La fière panthère ne s'apprivoise pas non plus, à proprement parler : on ne peut que la dompter. Il est vrai qu'on la dresse pour la chasse : mais si, dans cet exercice, elle manque sa proie, elle entre en fureur et attaquerait son maître, s'il ne prévenait le danger en lui jetant de la chair ou quelque animal vivant.

La possibilité de ployer ou de modifier, jusqu'à un certain point, le naturel des animaux, et de lui faire prendre des impressions nouvelles, est une suite du sentiment qui les porte à rechercher ce qui est utile à leur conservation et à éviter ce qui peut leur nuire. La faim et la crainte sont les deux grands mobiles qui les déterminent ; et l'homme sait les mettre en œuvre.

Remarquons ici l'attention de l'auteur de la nature à éloigner de nos demeures les animaux féroces. Les plus redoutables, le lion, le tigre, la panthère, ne vivent et ne se propagent que dans les contrées brûlantes de la Torride. D'autres, comme l'ours blanc, ne sauraient subsister que dans les régions glacées du Nord. Au contraire, cette Providence divine qui appela l'homme à dominer sur toute la terre, revêtit de qualités sociales les animaux destinés à vivre auprès de lui ; elle leur a caché leurs forces ; et un nombreux troupeau de bœufs plie sous la baguette d'un enfant.

Ours blanc.

Que de choses il y aurait à dire sur ces animaux si utiles ! Les bêtes sauvages ne viennent dans nos habitations que pour nous piller ; les animaux domestiques ne s'arrêtent auprès de nous que pour nous donner ou pour nous servir. Si quelque chose nous rend moins sensibles les présents qu'ils nous font, c'est qu'ils les réitèrent tous les jours. La facilité de se les procurer semble les avilir à nos yeux ; tandis que c'est réellement ce qui en augmente le prix. Faits pour vivre au milieu de nous, ces animaux, en mille endroits divers, selon qu'ils s'y plaisent davantage, et tout en s'y nourrissant, travaillent en effet pour nous. La vache pesante paît au fond des vallées ; la brebis légère, sur les flancs des collines ; la chèvre grimpante broute les arbrisseaux des rochers ; le porc fouille les racines des marais ; le canard mange les plantes fluviatiles ; la poule, à l'œil attentif, ramasse les graines perdues dans les champs ; le pigeon, aux ailes rapides, celles des forêts les plus écartées ; et l'abeille économise jusqu'aux poussières des fleurs. Il n'y a point de coins de terre dont ils ne puissent moissonner les plantes. Tous reviennent le soir à nos habitations avec des murmures, des bêlements et des cris de joie, en nous rapportant les doux tributs des plantes, changés, par une métamorphose inconcevable. en miel, en lait, en beurre, en œufs et en crème. Une libéralité si grande et qui n'est jamais interrompue, mérite une reconnaissance toujours nouvelle. Ah ! sans doute, le moins que nous puissions faire quand nous recevons des biens, est de bénir la main qui nous les distribue.

Plusieurs physiciens ont recherché la cause de l'engourdissement de divers animaux, tels que la marmotte, le hérisson, le loir, la chauve-souris. Ce point intéressant de l'économie animale demandait des hommes initiés aux plus secrets mystères de la nature. Buffon attribuait l'espèce de torpeur qui s'empare de ces êtres singuliers au refroidissement du sang, occasionné par le froid de l'air qui les environne.

Spallanzani a été plus loin : il a démontré de la manière la plus rigoureuse que l'engourdissement des animaux dont il est question ne dépend point du refroidissement du sang. On sait que les grenouilles, le crapaud, les salamandres aquatiques, s'engourdissent pendant l'hiver, et qu'ils deviennent alors aussi raides que les loirs, les hérissons ou les marmottes ; mais ce qui est moins connu, c'est qu'on peut ouvrir le cœur de ces amphibies ou en couper l'aorte, sans qu'ils cessent de se sauver, de courir et de plonger. Spallanzani a su mettre à profit ce fait singulier, dont il s'était assuré bien des fois par ses propres expériences. Il a évacué tout le sang contenu dans le corps de ces amphibies, et les a ensuite ensevelis dans la neige : ils s'y sont tous engourdis comme les animaux de leur espèce ; et, après les avoir exposés dans cet état à une température convenable, il les a vus reprendre le sentiment et le mouvement ; il n'a même observé aucune différence à cet égard entre les amphibies entièrement privés de sang et les amphibies qui n'avaient point subi l'opération de la saignée.

Quelle est donc la cause de cette étrange torpeur, de cette léthargie plus ou moins profonde, qui survient à différentes espèces d'animaux pendant la mauvaise saison et qui dure des mois entiers? L'observateur que nous citons paraît avoir percé le mystère. Il remarque que tous les muscles de l'animal engourdi sont d'une rigidité extrême : les plus puissants stimulants chimiques, l'étincelle électrique, les piqûres, les incisions, y produisent à peine quelque léger signe d'irritabilité. Toutes les fibres musculaires sont donc alors trop fortement contractées pour qu'elles puissent céder à l'action de la puissance vitale ; cette action est suspendue ; et de cette suspension naît l'engourdissement ou la torpeur.

Au reste, tous les animaux ne s'engourdissent pas au même degré de froid : les variétés qu'on observe en ce genre tiennent, sans doute, à la nature particulière des fibres musculaires et au degré d'énergie de la puissance vitale. Les loirs, par exemple, commencent à s'engourdir dès que le thermomètre descend au-dessous du degré de la température : les crapauds, les salamandres, n'éprouvent le même effet qu'à un degré de froid très-voisin de celui de la congélation.

Ainsi, il est un nombre assez considérable d'animaux dont la subsistance ne coûte rien à la nature pendant des mois entiers. Pour eux, il n'y a en quelque sorte de saison que l'été. Dès qu'ils touchent à leur premier hiver, et avant que l'expérience ait pu les instruire, ils ne laissent pas de prévoir leur long sommeil et d'en faire les préparatifs. Quand le temps en est arrivé, ensevelis dans leur paisible retraite, ils ne savent ce que c'est que la disette, la faim et le froid ; et ce qu'il y a de remarquable, c'est que cette faculté de dormir pendant l'hiver se borne à ceux des animaux qui, avec la rigueur du froid, peuvent soutenir une abstinence de plusieurs mois. Si l'hiver les surprenait à l'improviste, en sorte qu'affaiblis et engourdis subitement par le défaut de nourriture et par le froid, ils ne laissassent pas de vivre en cet état, on pourrait attribuer cet effet à la force de leur constitution. Mais comme ils savent se préparer de bonne heure au temps de leur sommeil, et que la plupart s'y disposent avec beaucoup d'industrie et de précaution, il faut reconnaître ici une volonté spéciale du Créateur. C'est la sagesse de Dieu, c'est sa bonté qui ont pourvu aux besoins de toutes ces créatures. Il trouve dans sa puissance mille moyens divers que jamais l'intelligence humaine n'aurait pu soupçonner. Concluons-en que, puisqu'il veille sans cesse sur les œuvres de ses mains, il daignera veiller aussi à notre conservation, puisqu'il nous marque tant de prédilection dans les dons qu'il nous a faits.

XXI.

Les yeux des animaux.

L'organe de la vue est le chef-d'œuvre de l'organisation animale, et la simple considération des yeux des diverses espèces d'animaux suffit pour nous convaincre de la sagesse de Dieu dans la formation du corps de ses créatures. Le sens de la vue n'a pas été communiqué à toutes de la même manière : les organes en ont été diversifiés comme il convenait à chacune des espèces. Réfléchissons sur ce sujet intéressant ; assurés que .

dans cette méditation, nous trouverons un des plaisirs les plus nobles dont l'âme humaine soit susceptible.

La plupart des yeux des animaux ont cela de commun qu'ils paraissent être ronds ; mais dans cette forme il ne laisse pas de se rencontrer une grande diversité. Leur situation près du cerveau, cette partie la plus sensible du corps et le siége de toutes les sensations, est sujette à beaucoup de variétés. L'homme et la plupart des quadrupèdes ont dans chaque œil six muscles destinés à le faire mouvoir; et la position des deux yeux est telle, qu'ils peuvent regarder droit devant eux et embrasser presque un demi-cercle. Mais les chevaux, les bœufs, les brebis, les pourceaux et la plupart des quadrupèdes, outre les muscles dont nous avons parlé, en ont un septième destiné à suspendre le globe de l'œil et à le retenir, ce qui était nécessaire dans la position où se trouvent leur tête et leurs yeux. penchés vers la terre, pour y chercher leur nourriture. Le globe de l'œil est à l'abri des injures des corps extérieurs par sa situation dans l'orbite et par les deux paupières. Ces paupières sont mobiles ; mais la supérieure l'est plus que l'inférieure excepté dans les animaux dont la tête est penchée vers la terre, ainsi que dans la plupart des oiseaux.

Les yeux des grenouilles diffèrent de ceux des quadrupèdes par une membrane transparente, quoique d'un tissu assez serré. Cette espèce de voile défend l'organe et le garantit des dangers auxquels pourrait l'exposer le genre de vie de ces animaux, dont le séjour est alternativement l'eau et la terre.

Considérez les mouches, les moucherons et les autres insectes semblables ; ils jouissent de la vue d'une manière plus parfaite que les autres créatures. Ils ont presque autant d'yeux que leur cornée a d'ouvertures, et tandis que les animaux qui n'ont que deux de ces organes sont obligés de les tourner vers les objets extérieurs, les mouches voient distinctement de tous côtés à la fois et sans interruption, parce que les yeux dont elles sont douées en si grande quantité sont naturellement et toujours dirigés vers les objets qui les environnent. Mais par quel admirable mécanisme tant d'yeux ne produisent-ils dans ces insectes, qu'une seule perception.

Confinés dans un élément beaucoup plus doux que celui où nous vivons, les poissons y seraient pour ainsi dire aveugles, quoiqu'avec des yeux très-ouverts et très bien conformés, s'ils n'avaient été pourvus d'un cristallin presque sphérique qui corrige la forte réfraction que subissent dans l'eau les rayons lumineux, en leur donnant de la convergence. Ils n'ont point de paupières et ne peuvent retirer leurs yeux en dedans de la tête; mais leur cornée, aussi dure que la matière dont elle tire sa dénomination, suffit pour les mettre à l'abri des accidents.

On refusait autrefois à la taupe le sens de la vue; il est cependant certain qu'elle a de petits yeux noirs, pas plus grands qu'une tête d'épingle. Le séjour presque continuel de cet animal sous la terre exigeait des yeux très-petits, enfoncés dans la tête, et recouverts de poils. Dans le limaçon, au contraire, ils sont placés à l'extrémité de deux longues cornes, qu'il a la faculté de retirer en dedans, ou d'élever au-dessus de sa tête pour découvrir les objets de plus loin. Chez quelques animaux, dont les yeux ni la tête ne peuvent se mouvoir, ce défaut de mobilité est compensé par la multitude des yeux, ou de quelque autre manière. Ceux des araignées, au nombre de quatre, de six et quelquefois de huit, sont tous placés sur le front d'une tête ronde et sans cou : ils sont clairs, transparents et comme un bracelet garni de diamants. Les yeux, selon le genre de vie et les divers besoins de certaines espèces de ces insectes, ont des positions particulières, afin que leur vue puisse s'étendre de tous côtés et que, sans mouvoir la tête, ils puissent d'abord découvrir les mouches qui doivent leur servir de pâture.

Dans d'autres insectes, l'auteur de la nature a suppléé à la mobilité de cet organe par des antennes qui leur font discerner ce qui pourrait leur nuire ou ce qui échappe à leurs yeux. Le caméléon, espèce de lézard, a la propriété singulière de mouvoir un de ses yeux, pendant que l'autre reste immobile, de tourner l'un vers le ciel, tandis que de l'autre il regarde la terre, et de voir ce qui se passe devant et derrière lui. On observe la même faculté dans quelques oiseaux, dans les lièvres et dans les lapins, dont les yeux sont fort convexes. Ainsi, la Providence les garantit de plusieurs dangers et les met en état de découvrir leur nourriture avec moins de peine.

L'homme, doué de la parole, susceptible de connaissances et fait pour user de ses facultés naturelles au sein de la société, n'a pas, à l'égard des sens, cette extrême délicatesse qui lui eût été préjudiciable et incommode tout à la fois, tandis que les animaux, pour discerner les propriétés salutaires ou nuisibles de leurs aliments, ainsi que les ennemis qu'ils ont à éviter, ont, selon leur espèce, certains organes des sens beaucoup plus fins et plus parfaits. L'odorat, dans le chien, est d'une subtilité qui passe toute imagination ; nous avons peine à concevoir comment le nez le dirige d'une manière aussi assurée dans la recherche de ses besoins. La vue, dans les oiseaux, n'est pas moins propre à exciter notre admiration : ils ont le regard infiniment plus prompt et plus perçant que les autres animaux, et les effets qu'on en raconte pourraient passer pour exagérés, s'ils n'étaient attestés par des hommes dignes de foi et si nous n'étions pas si fort accoutumés aux merveilles de la nature.

L'œil des oiseaux est construit de manière à changer de forme avec beaucoup de facilité, selon la distance de l'objet vers lequel il se dirige. Par un mécanisme fort simple, il exécute avec promptitude des mouvements variés, auxquels ne peut atteindre l'œil des animaux d'une autre classe. Sans cette structure particulière, un oiseau aurait été sans cesse exposé à se briser la tête contre les arbres, en traversant, au vol, une forêt touffue, car son mouvement est trop rapide pour que la structure ordinaire de l'œil pût suffire à le préserver d'un tel accident. L'aigle, du haut des airs, observe sur la terre des objets qui sont d'une telle petitesse, que nous sommes étonnés qu'ils frappent sa vue, et il fond sur eux comme un trait. Quel effet prodigieux s'opère en un instant si court, dans le foyer où l'œil rassemble les rayons. Les yeux des quadrupèdes se prêtent à des effets semblables, mais jamais au même degré ; et leur manière de vivre ne le demandait pas. Un moineau poursuit dans les airs un moucheron avec une espèce de certitude de l'atteindre. Dans tous les oiseaux, l'appareil qui facilite les espèces de changement que l'œil éprouve alors, relativement au foyer de lumière, est très-apparent.

La construction particulière de l'œil des oiseaux doit être telle, qu'elle leur facilite deux opérations qui semblent tout opposées : celle de voir de très près et celle de voir de très loin. En général, les oiseaux se servent de leur bec pour se procurer la nourriture qui leur est nécessaire. Or, la distance entre l'œil et la pointe du bec est si petite, qu'ils doivent avoir la faculté de discerner les objets de très près. D'un autre côté, appelés à vivre dans l'air libre et à le traverser avec une grande vitesse, ils ont besoin, afin de pourvoir à leur défense aussi bien qu'à leur nourriture, de jouir de la faculté de voir à de grandes distances.

Destinés à demeurer sur la surface de la terre, les animaux qui l'habitent n'avaient pas besoin d'une vue prodigieusement étendue. Pour chercher leurs aliments, pour éviter leurs ennemis, la plupart ne pouvaient se passer d'un odorat délicat, d'une oreille subtile ; ils en ont été doués. Au contraire, les oiseaux, appelés à parcourir les airs, souvent à entreprendre les courses les plus étonnantes, pouvaient être privés sans inconvénient de cette grande délicatesse, dans les deux sens dont on vient de parler, mais leur genre de vie exigeait la vue la plus étendue, comme la plus perçante, et ils la reçurent du Créateur. Souvent aussi il fallait qu'ils vissent de très près, et l'extrême flexibilité de leur organe satisfait à cette nouvelle circonstance. Ainsi, se manifeste partout le sage dominateur des êtres ; tous sont pourvus des organes nécessaires à leur conservation ; et, par un mécanisme dont lui seul peut être l'auteur, il réunit, lorsqu'il le juge convenable pour parvenir à ses fins, les moyens en apparence les plus contraires.

XXII.

Vêtements des animaux.

C'est par une attention marquée de la Providence que tous les animaux sont naturellement pourvus des vêtements les plus analogues et à l'élément qu'ils habitent et à leur manière de vivre. Les uns sont couverts de poils, d'autres de plumes ; plusieurs sont revêtus d'écaille, et un plus grand nombre peut-être de coquilles.

Cette variété nous annonce le grand et sage artiste qui a préparé les vêtements des animaux. Ils sont assortis en général aux différentes espèces; ils sont même appropriés à chaque membre des individus. Le poil était l'habillement le plus convenable aux quadrupèdes ; aussi l'auteur de la nature, en le leur donnant, a tellement formé le tissu de leur peau, qu'ils peuvent sans inconvénient se coucher sur la terre, quelque temps qu'il fasse, et être employés au service de l'homme. L'épaisse fourrure de quelques-uns, non-seulement les garantit de l'humidité et du froid, mais encore leur sert à couvrir leurs petits et à être plus moelleusement couchés.

Pour les oiseaux, les plumes étaient le vêtement le plus commode. Elles les mettent à couvert des injures de l'air, et elles sont arrangées de la manière la plus propre à favoriser leurs courses à travers cet élément.

L'habillement des reptiles n'est pas moins bien assorti à leur genre de vie. Examinez le ver de terre; son corps n'est formé que d'une suite de petits anneaux, et chaque anneau est pourvu d'un certain nombre de muscles, au moyen desquels l'animal peut s'étendre et se resserrer. Un suc gluant qui transpire à travers les pores de la peau, rend le corps glissant et très-propre à s'ouvrir un chemin sous la terre. Comment eussent-ils rempli leur destination, s'ils eussent été couverts de poils, de plumes ou d'écailles.

La substance qui couvre les animaux aquatiques se trouve en même rapport avec l'élément qu'ils habitent. Certains poissons ne pouvaient avoir de vêtements plus commodes que ces écailles dont la figure, la mollesse, la grandeur, le nombre et la position sont si parfaitement adaptés à leur genre de vie. Quant aux crustacés et aux testacés, la nature a pourvu à leur conservation de la manière la plus avantageuse pour eux en leur donnant ou ces dures écailles ou ces coquilles qui leur servent à la fois d'habit, de domicile et de forteresse.

Cette convenance qui se remarque entre les vêtements des animaux, le lieu de leur séjour et les diverses circonstances où ils peuvent se rencontrer, est une preuve évidente de la puissance et de la sagesse de celui qui les a formés. Si quelque autre cause que Dieu lui-même eût départi aux animaux l'habillement qui les couvre, il aurait été façonné à l'aventure, tous ces vêtements auraient eu la même forme; tous auraient été faits de la même manière; il s'en trouverait du moins d'incommodes et de disproportionnés. Au contraire, dans tous, on aperçoit la plus grande justesse, une précision étonnante; rien de superflu, rien de défectueux, rien qui ne soutienne le plus rigoureux examen. Loin qu'on puisse y trouver des défauts, le moindre petit poil, la plume la plus commune, chaque écaille, chaque coquille, surpasse infiniment les imitations de l'art le plus exquis.

Dans les vêtements des animaux, la beauté se trouve toujours réunie à l'utilité. Les bêtes mêmes dont l'aspect est le plus désagréable ne laissent pas d'avoir leur beauté particulière. Mais c'est surtout à une grande partie des oiseaux et des insectes que le Créateur a prodigué les ornements. Arrêtez vos regards sur les papillons : leur parure excite l'admiration de l'observateur. Plusieurs sont vêtus simplement, et leur couleur est uniforme, d'autres sont ornés avec économie ; mais sur plusieurs brillent les couleurs les plus éclatantes et les plus variées.

Et combien n'est pas diversifié le plumage des oiseaux. Quelle merveille de la nature que le colibri ! Ce rouge éclatant de rubis qui colore son cou, cet or qui brille sur son ventre et par-dessous ses ailes, ces cuisses vertes comme l'émeraude, ces pieds et ce bec noirs et polis comme l'ébène, cette petite huppe qui décore la tête des mâles et qui offre à elle seule toutes les couleurs

Le papillon.

qui embellissent le reste du corps, semblent réunir dans un être si petit tout l'éclat de l'arc-en-ciel.

Qui pourrait ne pas reconnaître que, dans le vêtement des oiseaux, Dieu s'est également proposé pour fin la commodité, l'utilité et la beauté? Chaque animal a celui qui lui convient le mieux, et il serait imparfait, s'il en avait un autre. Les animaux du Nord sont vêtus de robes fourrées de poils longs et épais, lesquels croissent précisément en hiver et tombent en été. Exposé à une chaleur extrême, le lion d'Afrique a le poil ras, le loup de Sibérie est velu jusqu'aux yeux. En faudrait-il davantage pour démontrer l'existence d'un Etre qui à tous les trésors de sagesse et d'intelligence joint la volonté de rendre chaque créature aussi heureuse que le comportent et sa nature et sa destination?

XXIII.

L'instinct et la nourriture des animaux

De tous les règnes de la nature, celui qui renferme les animaux nous offre le plus de merveilles, et une étude bien intéressante pour l'homme est celle des propriétés et des divers instincts dont ils sont doués. Mais, pour quiconque sait réfléchir, cette étude est quelque chose de plus encore qu'un objet agréable : les opérations des animaux le font remonter à une sagesse supérieure qu'il ne peut trop admirer, parce qu'elle surpasse toutes les conceptions humaines. Tel est l'effet que doivent produire dans nos âmes les méditations sur les singularités qu'on observe dans les êtres vivants.

Je m'arrête d'abord à la manière dont quelques animaux pondent leurs œufs. La sauterelle, la tortue, le lézard, le crocodile, après les avoir mis bas, laissent au soleil, qui leur prête sa chaleur bienfaisante, le soin de les couver. D'autres espèces, par un instinct naturel et sûr, placent les leurs dans des endroits où les petits trouveront, au moment de leur naissance, une nourriture convenable. Jamais les mères ne s'y méprennent : le papillon provenu de la chenille du chou ne posera point ses œufs sur la viande, et la mouche qui se nourrit de chair ne placera pas les siens sur le chou. Certains animaux ont tant de sollicitude pour leurs œufs, qu'ils les traînent partout où ils vont. L'araignée qu'on appelle vagabonde porte les siens dans un petit sac de soie, et, lorsqu'ils sont éclos, les petits se rangent dans un certain ordre sur le dos de leur mère, laquelle va et vient avec cette charge et continue pendant quelque temps encore à leur donner ses soins. Il est des mouches qui déposent leurs œufs dans des corps d'insectes vivants ou dans les nids de ces insectes. On sait qu'il n'existe pas une plante qui ne serve à nourrir ou à loger un ou plusieurs de ces petits animaux. Telle mouche perce la feuille d'un arbre et dépose un œuf dans le trou qu'elle a formé ; la plaie se referme très-promptement ; la partie se gonfle, et bientôt il paraît une excroissance ou tubérosité, qu'on appelle *galle* ; l'œuf qui a été renfermé dans la galle naissante croît avec elle, et l'insecte qui sort de cet œuf trouve, au moment de sa naissance, et sa nourriture et son logement.

Quelques-uns de ces divers insectes, et ce sont les plus solitaires, vivent dans l'intérieur des fruits, dont chacun ne loge qu'une chenille ou un ver. D'autres plient ou roulent les feuilles de quantité de plantes, et se procurent ainsi de petites cellules où ils trouvent en tout temps une nourriture assurée, car ils rongent les parois de la cellule, mais avec l'attention de ne jamais toucher à la pellicule de la feuille destinée à les couvrir. Il y a des insectes assez adroits pour se loger dans l'épaisseur de certaines feuilles aussi minces que du papier et de s'y mettre à l'abri des injures de l'air. Une feuille est, pour ces petits animaux, un vaste pays où ils se pratiquent des routes plus ou moins tortueuses, en minant dans le parenchyme, comme nos mineurs s'en pratiquent à eux-mêmes dans la terre. Les fausses teignes habitent de grandes galeries de soie, qu'elles allongent et élargissent à mesure qu'elles croissent. Mais, parmi les insectes qui savent se loger ou se vêtir, s'offre une araignée dont les procédés en ce genre ont bien plus encore de quoi nous étonner. Elle a l'art de se construire au fond de l'eau un petit édifice tout aérien, une espèce de palais enchanté qui lui fournit une retraite sûre et commode, où elle loge à sec, au milieu de l'élément liquide.

Chaque espèce d'animaux a ses inclinations et ses besoins particuliers, et le Créateur pourvoit à tout. Considérez ceux qui sont obligés de chercher leur nourriture dans les eaux, et, parmi ceux-ci, les oiseaux aquatiques. L'auteur de la nature a enduit leurs plumes d'une sorte d'huile, à travers laquelle il est impossible à l'eau de pénétrer. Par ce moyen, ils ne se mouillent point en plongeant et ils sont toujours en état de voler. Les proportions de leur corps ne ressemblent point à celles des autres oiseaux. Leurs jambes sont plus en arrière, afin qu'ils puissent se tenir debout dans l'eau et étendre leurs ailes par-dessus. Pour qu'ils soient en état d'avancer en nageant, leurs pieds sont pourvus de membranes qui en unissent les doigts, et la structure particulière qu'ils ont reçue de la nature leur donne la faculté de plonger. Un bec large, un long cou, leur facilitent la capture de leur proie ; en un mot, leur conformation est dans le rapport le plus exact avec leur manière de vivre.

Le nautile est une sorte de coquillage qui a quelque conformité avec l'escargot. Veut-il descendre, il se retire à l'intérieur de son domicile qui se remplit d'eau et coule à fond. Pour monter, il retourne sa barque sens dessus dessous ; il en fait sortir l'eau et la rend ainsi plus légère. S'il lui plaît de voguer, il retourne adroitement la coquille, qui devient alors une petite gondole ; une membrane mince et légère qu'il tend, s'enfle au vent et lui sert de voile ; deux de ses bras deviennent les avirons ; sa queue lui tient lieu de gouvernail ; et, peut-être, ce gentil coquillage a-t-il été l'instituteur de l'homme dans l'art de la navigation.

Il en est des actions des animaux comme de leur

structure. La même sagesse qui a formé leur corps et ordonné leurs membres, en leur assignant une destination particulière, a réglé aussi leurs actions, conformément au but qu'elle s'est proposé en les créant. Conduite par un instinct sûr, la brute semble produire tout d'un coup des ouvrages parfaits; elle s'arrête quand il le faut et règle son travail selon les circonstances, sans pouvoir s'écarter des vues de cette sagesse adorable qui a circonscrit dans sa sphère chaque insecte, comme chaque planète. Quand je considère les divers instincts et l'industrie des animaux, je crois voir un spectacle où le tout-puissant ouvrier se cache comme derrière un voile transparent. La contemplation des œuvres de la nature me découvre partout cette main qui se laisse si aisément entrevoir, et l'examen de la structure des êtres créés me remplit à la fois de reconnaissance et de respect pour le Créateur.

Depuis l'éléphant jusqu'au ciron, depuis l'aigle jusqu'au moucheron, depuis la baleine jusqu'à l'huître, il n'est, sur la terre, dans l'air, ni sous les eaux, aucun animal à qui la nourriture ne soit nécessaire pour croître et pour subsister. Mais, en formant ces créatures de manière qu'elles aient toutes besoin d'aliments, Dieu pourvut en même temps à ce que la terre les produisît toujours en abondance : il en est d'autant d'espèces, peut-être, qu'il existe d'espèces d'animaux ; et, sur le globe, il ne s'en trouve aucun qui n'ait sa table convenablement servie.

Je le comprends à présent, le sens de ces paroles du prophète : « Les yeux de toutes vos créatures sont tournés vers vous, Seigneur ; et vous leur donnez à toutes la nourriture dans le temps convenable. Vous ouvrez votre main, et vous remplissez tous les animaux des effets de votre bonté. » De tels soins de la divine Providence sont une preuve bien sensible de cette attention qui s'étend sur tout l'univers. Pensez au nombre prodigieux d'êtres vivants qui existent. Combien de milliers d'espèces d'insectes ! Combien d'oiseaux, de quadrupèdes ! Tous, cependant, trouvent journellement leur subsistance. Quelle prodigieuse quantité d'animaux vivent dans toutes les parties de la terre ! Combien d'individus de chaque espèce trouvent leur domicile et leur nourriture dans les forêts et dans les champs, sur les montagnes et dans les vallées, dans les cavernes et dans le creux des rochers, sur les arbres et dans les arbres! Quelles troupes immenses de poissons nagent dans les ruisseaux et dans les fleuves! Quelles innombrables armées habitent l'Océan! De quelle multitude inexprimable, de quelle étonnante diversité d'insectes ne sommes-nous pas environnés! Insectes dans l'air, dans l'eau, dans les plantes, dans les animaux, dans les pierres, insectes dans d'autres insectes. Tous néanmoins trouvent leur nourriture quotidienne.

Et combien la sagesse du Créateur ne brille-t-elle pas dans la manière dont il la fournit! Il donne à tous les aliments qui leur sont propres. Il en faut de particuliers pour les quadrupèdes; d'autres pour les oiseaux; d'autres encore pour les poissons et pour les insectes. Cette distribution est un moyen très-sagement employé par le Créateur pour sustenter suffisamment chaque espèce, de manière qu'aucune des productions de la terre ne demeure inutile et que toutes soient exactement consommées.

C'est par une sage direction du Créateur que le goût des animaux se trouve si diversifié. Les uns aiment à se nourrir d'herbes, d'autres de grains, ceux-ci de chair, de vers, d'insectes. Quelques-uns ont la modération en partage ; d'autres sont presque insatiables. Si toutes les espèces avaient été appelées au même genre de nourriture, bientôt la terre fût devenue une vaste solitude. Cette diversité de goûts est donc la preuve qu'ici, comme partout, le hasard n'a aucune influence, mais qu'un sentiment né avec les animaux les porte vers les aliments appropriés à leur nature. Par ce moyen, toutes les productions de la terre et des eaux se trouvent sagement distribuées : tout ce qui respire est abondamment pourvu des choses nécessaires à sa subsistance ; et celles qui, en se corrompant, pourraient devenir pernicieuses, servent même à un usage utile. Les cadavres des poissons, des oiseaux et des quadrupèdes, exhaleraient, par la putréfaction, un poison meurtrier, sans cette sage direction du Créateur, qui a ménagé dans la destruction des corps organisés un aliment agréable à une infinité d'êtres vivants.

Certains animaux sont obligés de chercher péniblement leur nourriture; de fouiller dans le sein de la terre, pour la trouver ; de la rassembler de mille endroits où elle est éparse, et même de la tirer d'un autre élément. Plusieurs choisissent le temps de la nuit, pour pouvoir en sûreté contenter leur faim. D'autres ont besoin de donner une certaine préparation à leurs aliments, de dégager les grains de leurs enveloppes; de les briser, s'ils sont durs; d'avaler de petites pierres, pour faciliter la digestion; d'enlever la tête aux insectes dont ils font leur pâture; de briser les os ou les arêtes de la proie qu'ils ont saisie; de retourner les poissons, afin de les avaler par la tête. Il en est qui périraient s'ils n'enrichissaient leur domicile de provisions pour l'avenir; quelques-uns ne pourraient attraper leur proie sans recourir à l'adresse et à la ruse, sans tendre des lacets, sans dresser des piéges ou creuser des fosses. Ceux-ci la poursuivent sur la terre; ceux-là, sous l'eau; d'autres, à travers les airs.

Ainsi, les animaux ne sont point exposés à mourir de faim, même pendant l'hiver, à moins qu'on ne les multiplie à l'infini, pour l'agrément, en certains lieux; mais alors la famine qu'ils éprouvent vient de l'inconséquence de l'homme et non de l'imprévoyance du Pere commun. Les perdrix et les lièvres ne meurent point de faim dans les forêts du Nord, pendant des hivers de six mois ; ils savent trouver sous la neige les herbes et les pommes de sapin de l'année précédente, que la nature cache pour les leur conserver.

La même main qui prodigue aux animaux leur subsistance pendant l'été, sait aussi s'ouvrir en leur faveur pendant la saison rigoureuse où la nature paraît avoir oublié ses enfants. Quelques animaux se font des magasins pour l hiver, et les remplissent, dans le temps de leur récolte, de provisions pour la moitié de l'année. On diraient qu'ils prévoient que bientôt ils ne pourront amasser de vivres, et que, se précautionnant pour l'avenir, ils savent calculer quelle quantité leur est indispensable pour eux et leur famille.

Entre les quadrupèdes, les souris des champs et les mulots amassent des provisions pour l'hiver ; et, dans le temps de la moisson, ils portent quantité de grains dans leurs demeures souterraines. Parmi les oiseaux, les pics et les geais recueillent des glands pendant l'automne, et les conservent pour l'hiver dans le creux des arbres. Quant aux animaux qui dorment durant cette saison, ils ne font point de provisions en été ; elles leur seraient inutiles ; mais les autres ne se bornent pas à satisfaire le besoin du moment; ils semblent aussi songer à l'avenir. Tous, dans les temps d'abondance, pourvoient aux temps de disette; et l'on n'a jamais observé que les provisions qu'ils avaient amassées aient été insuffisantes.

Gardons-nous cependant de penser que tant de soins, dans les animaux, soient en eux le fruit de la réflexion : ce serait leur supposer une intelligence de beaucoup supérieure à celle dont ils sont doués. Ils ne s'occupent que du présent et de ce qui affecte actuellement leurs sens d'une manière agréable ou désagréable; et s'il arrive que le présent influe sur l'avenir, cela se fait sans dessein et sans qu'ils aient la conscience de ce qu'ils font. Comment, en effet, supposer de la prévoyance et de la réflexion dans cet instinct des animaux? Ils n'ont aucune expérience de la vicissitude des saisons, de la nature de l'hiver, du temps où il doit arriver, non plus que de sa durée. On ne saurait leur attribuer des idées de l'avenir, ni une recherche réfléchie des moyens de subsister pendant la saison rigoureuse, puisqu'ils agissent toujours de même, sans variation, et que chaque espèce suit constamment et naturellement la même méthode, sans avoir reçu aucune instruction.

Cette sage économie, ces actes apparents de prévoyance et de réflexion que l'on admire dans certains animaux, sont donc produits en eux par une intelligence supérieure qui pense et qui prévoit pour eux, et dont ils remplissent les vues, sans le savoir.

Quelles sublimes prérogatives distinguent l'homme de la brute ! Je puis me représenter et le passé et l'avenir ; je puis agir par réflexion et former des plans ; mais aussi qu'il importe à mon bonheur que je sache faire un digne usage de ces précieuses facultés ! Instruit des grandes révolutions qui m'attendent, et maître de me représenter, par l'imagination, l'hiver de ma vie, ne dois-je pas me préparer un trésor abondant de consolations et d'espérances, qui puisse me rendre supportable et même douce la dernière portion de mes ans ? Rien de plus triste que le spectacle d'un vieillard qui, après avoir passé ses beaux jours sans soins et sans prévoyance, se trouve au déclin de la vie dans une indigence d'autant plus humiliante, qu'il ne peut l'imputer qu'à lui-même. Homme sensé, aie toujours l'avenir devant les yeux ; prépare-toi d'avance, et prends de bonne heure les mesures nécessaires pour être heureux dans la vieillesse.

Pendant l'hiver, nous ne voyons aucun de ces insectes et peu de ces oiseaux qui, durant les beaux jours, peuplent l'air, la terre et les eaux. A l'approche des frimas, ils disparaissent ou quittent nos contrées, dont la température ne leur est plus convenable, et où désormais ils ne sauraient trouver de quoi se nourrir. Le premier jour orageux est le signal qui les oblige à interrompre leurs travaux, à terminer leur vie active et à quitter des demeures chéries.

Mais l'hiver n'est point leur tombeau ; ils continuent, même durant ses rigueurs, à jouir du bienfait de la vie, et la Providence pourvoit à ce qu'aucun d'eux ne périsse. Le corps de quelques animaux est constitué de manière que les mêmes causes qui les privent d'aliments, opèrent en eux une révolution qui les leur rend inutiles pendant tout le temps que durent ces causes. Le froid les engourdit ; ils tombent dans un profond sommeil, jusqu'à ce qu'une chaleur vivifiante ouvre de nouveau la terre, y fasse germer les plantes, et les réveille eux-mêmes de leur long assoupissement. Cachés jusqu'à cette époque dans le sable, dans des creux où l'on ne saurait troubler leur repos, ils sont dans un état de faiblesse et de défaillance, dans une espèce de mort, dont ils ne sortent que quand le retour du printemps vient ranimer toute la nature.

Quelques espèces d'oiseaux entreprennent aux approches de l'hiver ces longs voyages dont nous nous sommes occupés, et vont dans d'autres climats chercher, avec un air tempéré, la nourriture qui leur convient. Les uns volent en troupes d'un pays à l'autre; plusieurs passent en Afrique, en traversant la Méditerranée, et reviennent au printemps embellir les régions qu'ils avaient abandonnées.

Ainsi, Dieu sait doubler les provisions pour une multitude d'êtres vivants, en les leur rendant inutiles pendant une partie de l'année. Quelle sagesse admirable! quels tendres soins, même envers les moindres créatures! C'est Dieu, comme nous l'avons observé, qui imprime dans l'âme de certains animaux cet instinct merveilleux qui les avertit du jour où ils doivent quitter leurs habitations, pour aller en chercher de meilleures sous de plus heureux climats. A d'autres, il indique les lieux où ils peuvent en sûreté passer cette longue nuit dans un profond sommeil. Il rappelle les uns, quand leur table est de nouveau servie ; et ranime les autres, lorsque le temps de leur nouvelle existence est arrivé.

Ces révolutions me suggèrent des réflexions bien importantes pour un être tel que l'homme : elles me conduisent naturellement à méditer sur ce que je dois éprouver au moment de la mort, où mon état aura quelque conformité avec celui des oiseaux. Lorsque le terme de ma vie sera arrivé, j'abandonnerai aussi ma demeure, ma société, mes plaisirs actuels, pour passer dans un monde meilleur et y jouir du plus doux repos dans la possession du vrai bonheur, si j'ai su le mériter. Mon corps se reposera aussi et dormira pendant quelque temps dans la poussière du tombeau. Mais le moment de la nouvelle création sera celui de son réveil, et, revêtue de force et de beauté, il recommencera une vie à jamais durable.

Une autre réflexion qui m'édifie, qu'il m'importe de me rappeler sans cesse, et sur laquelle nous ne saurions trop insister, m'est encore fournie par ce qui arrive aux animaux. Ils me montrent comment Dieu veille jusque sur le moindre chaînon de l'immense suite des êtres. J'y découvre avec quelle bonté paternelle il pourvoit à la vie des plus chétives créatures, en les conservant dans des circonstances où leur conservation paraîtrait impossible à la sagesse humaine. Ce serait donc faire injure à la sage providence de mon Créateur que de douter de ses soins envers moi et de me livrer à des inquiétudes sur ma subsistance. Ah ! j'en suis assuré : ce Dieu qui donne aux insectes et aux oiseaux leur nourriture dans le temps convenable ; ce Dieu qui leur ménage des retraites et des lieux de repos dans les creux de la terre et le sein des rochers, qui leur fait trouver des aliments dans des pays lointains, ce même Dieu prend aussi soin de moi, et il ne m'abandonnera pas dans les temps désastreux. Il me fera trouver tout ce qui est nécessaire au soutien de ma vie, lors même que j'y verrai le moins d'apparence ; et quand la méchanceté des hommes ou leur dureté me repoussera, sa bonté me ménagera quelque lieu de refuge, où, soustrait à leur fureur, je pourrai jouir d'un tranquille repos.

XXIV.

Tout pour l'homme.

Après avoir réfléchi sur le règne animal, après avoir étudié le règne végétal, dont nous avons observé les différences relativement aux animaux, essayons de rapprocher ces deux grandes classes d'êtres organisés, et considérons s'il n'existe pas entre elles des conformités qui puissent nous prouver que le suprême artiste qui les façonna sait toujours, quoiqu'en variant sans cesse les ouvrages de ses mains, se ressembler à lui-même.

C'est par degrés imperceptibles que la nature semble passer des plantes aux animaux ; et pour distinguer exactement tous ces degrés, il faudrait la pénétration d'un ange. Mais ce que nous pouvons remarquer, c'est qu'avec toutes les différences qu'on aperçoit entre ces deux règnes, il s'y trouve néanmoins beaucoup de conformité.

La graine est à la plante ce que l'œuf est à l'animal. De la première sort une tige auparavant cachée sous les téguments et qui fait effort pour s'élever de la terre. De même l'animal, une fois développé dans l'œuf, perce la coque pour respirer en plein air. Ce que l'embryon est chez l'animal, l'œil ou le bouton de l'arbre l'est dans le végétal. Cet œil ne perce au travers de l'écorce que lorsqu'il est parvenu à une certaine grosseur, et il y reste attaché, afin d'en recevoir sa nourriture par le moyen des fibres qui l'y unissent ; l'embryon, au bout d'un temps déterminé, sort du sein maternel, paraît à la lumière ; et alors il ne pourrait vivre longtemps, s'il n'était allaité par sa mère. La plante se nourrit des sucs qui lui sont amenés du dehors, et qui, passant par divers canaux, se transforment enfin en sa propre substance. La nutrition de l'animal a lieu de la même manière ; il reçoit aussi du dehors sa nourriture, qui, après avoir passé par différents vaisseaux, se change en sa propre substance. La plante croît par développement ou par l'extension graduelle de ses parties ; cette extension est suivie d'un certain degré d'endurcissement dans les fibres ; elle diminue à mesure que l'endurcissement augmente, et cesse lorsqu'il est parvenu au point de ne plus céder à la force qui tend à l'agrandissement de leurs mailles. Les mêmes phénomènes se remarquent chez les animaux ; et ceux de ces derniers où l'endurcissement se fait plus tard sont, ainsi que les plantes de ce genre, ceux qui croissent le plus longtemps.

La fécondation qui s'opère dans le règne végétal et celle qui a lieu dans le règne animal, sont susceptibles des mêmes rapprochements. La multiplication des plantes se fait non-seulement par la graine et par la greffe, mais encore par bouture ; les animaux se multiplient en pondant des œufs, ou en mettant au monde des petits vivants ; ils se multiplient même par boutures, comme on le voit dans les polypes.

Les maladies des plantes, comme celles des animaux,

ont des causes internes ou externes. Enfin, comme le végétal, échappé aux divers accidents de la vie, n'échappe ni à la vieillesse ni à la mort, de même l'animal, préservé ou guéri des maladies qui conspiraient contre lui, ne saurait se dérober à la triste vieillesse. Dans l'un et dans l'autre de ces êtres, les vaisseaux endurcis dans le temps s'obstruent ; les liqueurs ne circulent plus avec la même vitesse ; elles ne sont plus que très-imparfaitement élaborées ; elles séjournent et contractent des altérations qui bientôt se communiquent aux vaisseaux qui les contiennent : la circulation s'arrête, l'être organisé meurt et se réduit en poudre.

Les traits qui composent le parallèle de la plante et de l'animal, depuis la naissance jusqu'à la mort, établissent avec évidence la grande analogie qui règne entre ces deux classes d'êtres organisés. On trouverait encore entre elles d'autres sources de comparaison, prises des lieux de leur habitation, de leur nombre, de leur structure et de leur forme.

En voyant la nature passer des plantes aux animaux par des degrés imperceptibles, on serait tenté de regarder les animaux et les plantes comme des êtres du même genre. Mais il existe entre ces êtres une ligne de démarcation en deçà de laquelle reste le végétal, au delà de laquelle commence l'animal. Là où est le sentiment proprement dit, là cesse d'exister le végétal, et l'animal se montre. Hors de là, ce qui paraît certain, c'est qu'on a découvert jusqu'ici des ressemblances générales entre les deux règnes, et point encore de différences vraiment essentielles. Mais quand on viendrait à en découvrir quelqu'une qui n'eût pas encore été remarquée, toujours resterait-il vrai que la nature diversifie ses ouvrages par des nuances si fines, que l'intelligence humaine a peine à les discerner. Eh ! qui sait quelles découvertes sont réservées à nos neveux ? Peut-être un jour découvrira-t-on des plantes dont les propriétés se rapprocheront plus encore de celles des corps animés, et des animaux qui se rapprocheront plus de la classe des végétaux.

Qu'elle est merveilleuse cette créature qui, semblable à la brute, tire sa nourriture du sein de la terre et, semblable à l'ange, élève sa pensée vers le ciel : créature dont une moitié périt comme périt la brute, et l'autre vit d'une vie immortelle.

Toutes les choses de la terre sont bonnes, considérées

en elles-mêmes ; et s'il arrive qu'elles deviennent nuisibles, c'est qu'on en abuse, ou qu'on ne les emploie pas à l'usage auquel la Providence les destine. De là vient que tel aliment qui conserve la vie à un individu donne la mort à un autre, et que la même plante qui, à certains égards et dans certaines circonstances, est regardée comme venimeuse, à d'autres égards et dans des circonstances différentes est très-utile et même très-salutaire. C'est ainsi que la ciguë, reléguée autrefois dans la classe des poisons, est employée maintenant à des cures admirables.

Quelques plantes sont destinées aux bêtes ; d'autres nous fournissent des ornements et des parures ; d'autres flattent le goût et l'odorat ; un bon nombre sont d'un grand usage dans les maladies qui attaquent les hommes et les animaux. On peut dire la même chose de plusieurs créatures animées qui, quoique fort dangereuses pour nous, servent à beaucoup d'animaux, ou comme aliments, ou du moins comme remèdes. La plupart des oiseaux font leur nourriture principale des insectes que l'on regarde d'ordinaire comme nuisibles. Les oiseaux domestiques avalent avidement les araignées, et les paons, ainsi que les cigognes, font leurs délices de certaines espèces de serpents. Ajoutez à cela l'excellence des remèdes composés avec les herbes les plus vénéneuses, et la sagesse et la bonté de Dieu seront également justifiées.

Le nombre des plantes et des animaux nuisibles n'est rien, en comparaison de cette multitude d'animaux et de plantes dont l'utilité ne peut être méconnue. La nature d'ailleurs a imprimé dans les hommes et dans les animaux un sentiment qui leur donne de l'aversion pour tout ce qui pourrait leur nuire. Les bêtes malfaisantes ont une certaine crainte pour l'homme, et jamais, rarement du moins, elles ne se servent contre lui de leurs armes offensives, si elles ne sont provoquées.

Ajoutons que les animaux les plus dangereux ont des marques et des caractères sensibles auxquels on reconnaît facilement leurs qualités malfaisantes; en sorte qu'avertis du péril, nous pouvons le prévenir ou l'éviter. Le serpent à sonnettes, qui de tous les reptiles de cette espèce est le plus à craindre, annonce son approche par le bruit que font les anneaux de sa queue. Le crocodile, cet affreux et redoutable animal, est si maladroit dans ses mouvements, et se retourne avec tant de difficulté, qu'on lui échappe facilement par une fuite tortueuse. La bonté divine a même disposé les choses avec tant de sagesse, que les animaux les plus venimeux fournissent le remède à leur poison : l'huile du scorpion est un antidote contre ses piqûres, et l'abeille, écrasée sur la plaie, guérit la blessure qu'elle a faite.

Dira-t-on qu'encore voudrait-il mieux qu'il n'y eût sur la terre aucune plante, aucun animal qui pût nuire à d'autres créatures ? Rappelons-nous donc que si Dieu a voulu qu'une créature pût nuire à d'autres, ç'a été par des raisons très-sages, et que de cet arrangement résultent, en dernier ressort, des avantages considérables. Plusieurs êtres qui paraissent nuisibles, ne le sont pas en effet, du moins à certains égards. Leur venin même et les organes dont ils se servent pour blesser, leur sont absolument nécessaires. L'abeille, par exemple, occasionne souvent de la douleur par ses piqûres ; mais qu'on lui ôte son aiguillon, elle n'aura plus d'armes contre ses ennemis, et nous n'aurons plus de miel. Les champignons peuvent donner la mort ; mais qui sait si cette substance, qui croît le plus ordinairement sur des matières en putréfaction, n'est pas destinée par la Providence à absorber des exhalaisons nuisibles qui se répandraient dans l'air ? Pourquoi, d'ailleurs, par un raffinement de sensualité, vouloir changer en aliments ce qui peut-être a une tout autre destination ?

Tout bien considéré, ce qui dans la nature nous paraît nuisible est réellement d'une utilité indispensable. Et de quel droit l'homme prétend-il déterminer ce qui est utile ou préjudiciable dans l'ensemble des êtres ? Qui nous a dit qu'il soit contraire à la sagesse de Dieu que nous éprouvions quelquefois de la douleur ? Les choses les plus désagréables ne nous procurent-elles pas souvent des avantages sensibles ? En général, il est certain que les choses naturelles ne sont nuisibles que par accident ; et que si nous en recevons quelque dommage, c'est presque toujours à notre imprudence que nous devons l'attribuer. Voilà ce que la raison dit à tous les hommes.

Toutes les créatures sont pour l'homme un moyen de glorifier le Créateur. Dans chaque plante, dans chaque arbre, dans chaque fleur, et même dans chaque pierre, la grandeur de Dieu est empreinte, et il ne faut qu'ouvrir les yeux pour l'y reconnaître ; mais elle se manifeste avec bien plus d'éclat dans le régne animal. Examinons la structure d'un seul des êtres qu'il renferme : quel art, quelle beauté, que de choses admirables ! Et combien ces merveilles ne se multiplieront-elles pas, si nous pensons à la multitude presque infinie et à l'étonnante diversité des animaux ! Depuis l'éléphant jusqu'à l'insecte qu'on n'aperçoit qu'à l'aide du microscope, que de degrés, que d'anneaux forment une chaîne immense et non interrompue ! Quelles liaisons, quel ordre, quels rapports entre toutes ces créatures ! Tout est harmonie ; et si, à la première vue, nous croyons découvrir quelque imperfection dans certains objets, nous ne tardons pas à convenir que notre ignorance nous a fait porter un faux jugement. Il ne faut pas de profondes méditations, il ne faut ni la science du naturaliste, ni celle du physicien, pour sentir ces vérités ; il suffit de contempler ce que nous avons journellement sous les yeux.

Jésus-Christ lui-même, pour nous représenter sa bonté paternelle, se sert de l'image d'une poule qui rassemble ses poussins sous ses ailes. C'est en effet un spectacle touchant que l'affection si vive de cette mère pour ses petits, et les soins continuels qu'elle en prend.

Jamais elle ne détourne les yeux de dessus eux, si ce n'est pour s'occuper de ce qui peut leur convenir ; à l'approche du moindre danger, elle vole à leur secours ; elle s'oppose avec courage à l'agresseur ; elle hasarde sa propre vie pour sauver la leur ; elle les appelle et les rassure par sa voix maternelle ; elle étend ses ailes pour les couvrir ; elle se refuse toute sorte de commodités ; et dans la posture la plus gênée, elle ne pense qu'à la sûreté et au bien-être des objets de son amour. Qui ne reconnaîtrait ici le doigt du Très-Haut ? Sans cette tendre sollicitude, sans cet instinct si puissant et si supérieur à tout, disons-le, en un mot, sans tout ce qui tient à ce sentiment naturel par lequel la poule est dominée à l'égard de ses petits, infailliblement toute l'espèce périrait.

Sois vivement touché, ô homme, de l'amour de préférence dont Dieu t'honore, en te distinguant si avantageusement de toutes les créatures visibles ! Sens, comme tu le dois, le bonheur incomparable d'être particulièrement l'objet de sa bienfaisante libéralité ; d'être en quelque sorte, ici-bas, le centre de tout ce qu'il a produit pour la manifestation de ses glorieux attributs.

C'est pour toi que la nature entière agit et travaille sur la terre, dans l'air et sous les eaux ; pour toi, la brebis est chargée de sa laine ; pour toi, le pied du cheval est armé de cette corne dont il n'aurait pas besoin, s'il ne devait pas traîner tes fardeaux et gravir au haut des montagnes ; pour toi, le ver à soie file ce tissu artistement construit, s'y renferme, et te l'abandonne ensuite ; pour toi, le moucheron dépose ses œufs dans les eaux, afin qu'ils y servent de nourriture aux poissons, qui serviront eux-mêmes à ta subsistance ; pour toi, l'abeille va recueillir dans le sein des fleurs ce miel exquis qui t'est destiné ; pour toi, le bœuf est attaché à la charrue et ne demande pour prix de ses travaux qu'une légère nourriture ; pour toi enfin, les forêts, les champs et les jardins, abondent en richesses, dont la plupart seraient perdues, si elles n'étaient à ton usage ; et les montagnes renferment ces trésors dont seul tu connais le prix.

Il est vrai que tu as, sans comparaison, plus de besoins que les brutes ; mais n'as-tu pas incomparablement plus de facultés, de talents et d'industrie, pour faire concourir, par tes besoins même, tout ce qui t'environne à ton utilité, à tes plaisirs? Mille et mille créatures contribuent à te nourrir, à te loger, à te vêtir : elles t'offrent à l'envi les commodités, les agréments. Si Dieu t'a donné tant de besoins, c'est pour te procurer une plus grande variété de sensations agréables. Il te serait impossible de satisfaire à ces besoins multipliés, si ceux des animaux l'étaient autant que les tiens ; et c'est afin que rien ne te manquât, et que tu te trouvasses dans l'abondance, que les choses qui leur sont nécessaires sont ordinairement celles dont tu ne saurais faire usage. Afin qu'il n'y eût aucunes plantes qui ne fussent utiles au soutien de ta vie, et que l'éloignement ou l'âpreté du sol où elles croissent ne fussent pas des obstacles pour en jouir, l'auteur de la nature a formé des animaux pour les aller chercher, pour les tourner à ton profit, et les rapporter changées en aliments les plus salubres.

Dans la conduite de la Providence envers l'homme, il règne une bonté bien digne d'admiration. Pour qui la poule, au lieu de ne donner qu'une vingtaine d'œufs tout au plus dans le cours d'une année, en pond-elle de si gros par rapport à sa taille, et pendant neuf mois de suite, contre toutes les lois de l'incubation des oiseaux? Pour qui la vache, dans de riches prairies, au lieu du lait nécessaire à son veau, en laisse-t-elle couler de ses mamelles un si grand nombre de bouteilles par jour?

Toutes les espèces qui peuvent nous être utiles ne sont en état de se conserver qu'auprès de nous; les autres animaux les détruisent; aussi n'en existe-t-il presque

Vache laitière et son veau.

point dans les bois. Si elles se multipliaient loin de nous à un certain point, en très-peu de temps leur nombre s'accroîtrait à un tel excès, qu'elles ne trouveraient plus de moyens de subsister. Témoin ce petit nombre de bœufs que les Espagnols avaient laissés à Saint-Domingue, et dont toute l'île n'aurait pas suffi à nourrir la postérité, sans les chasses continuelles qu'il fallut leur faire.

Voyez dans les endroits où la chasse est négligée les ravages des cerfs, des lapins, des perdrix : on n'y moissonne plus. La terre, livrée aux animaux dont l'homme se nourrit ou qu'il consacre à ses travaux, ne leur suffirait donc bientôt plus : preuve évidente que Dieu les destine absolument à notre service ou à notre nourriture.

Le rossignol.

Mais ce n'est pas seulement à la subsistance de l'homme que Dieu a pourvu avec tant de bonté ; il a daigné lui procurer mille plaisirs. C'est pour lui que chantent l'alouette et le rossignol, que les fleurs parfument l'air, que les jardins et les champs sont émaillés de leurs couleurs. Surtout il lui a donné la raison, qui le met en état de faire contribuer toute la nature à ses jouissances, de dominer sur les animaux, de vaincre la baleine, de dompter le lion, et, ce qui est tout autrement précieux encore, de se complaire dans les œuvres du Très-Haut; d'en contempler la beauté, la grandeur et la magnificence; d'en admirer l'ordre, l'harmonie et le merveilleux enchaînement.

. Interroge le ciel, la terre et la mer, les animaux, les plantes, en un mot tous les êtres qui existent, et ils te diront que tu es cet objet chéri que tous les autres doivent servir, et auquel ici-bas toute la création se rapporte; tandis que l'auteur de cet univers est à toi-même ta véritable fin. Que ton âme alors soit pénétrée de la plus vive gratitude, du plus ardent amour envers un bienfaiteur si magnifique, et que ton premier soin, ton unique ambition, soit de ne vivre que pour celui qui en ta faveur a donné l'existence et la vie à tout ce que tu vois.

Chaque jour, de nouvelles occasions se présenteront à ton âme de reconnaître et de célébrer les soins paternels de la Providence.

XXV.

L'homme roi de la terre.

Parvenu au plus parfait des êtres qui soient sur la terre, à celui qui fut l'objet de la création ici-bas, je puis enfin m'occuper plus particulièrement de moi-même, méditer sur la structure de mon corps, réfléchir sur cette substance immatérielle qui l'anime, et, en contemplant ces objets si dignes d'un être intelligent, reconnaître la puissance de Dieu, sa sagesse, et apprendre en même temps tout le prix de ma vie terrestre.

L'univers est un tableau qui n'offre que des traits confus lorsqu'on n'en saisit pas le vrai point de vue. Cet amas immense d'êtres divers qui le composent, serait une espèce de chaos, si l'homme ne s'y trouvait placé pour en former la liaison et les rapports. C'est à lui que tout aboutit ; c'est sur lui que tout porte. Il est donc de la dernière importance de ne pas se méprendre sur l'idée qu'on se forme de l'homme : trop basse, elle nous fera paraître le monde et trop magnifique et trop grand ; trop élevée, elle nous le montrera trop vil et trop étroit. Une sage Providence a tout proportionné : l'ordonnance du palais a été mesurée sur les besoins du maître qui l'habite. Si l'édifice n'est pas parfait, c'est parce que celui auquel il fut destiné a lui-même des imperfections.

L'homme offre un mélange étonnant de grandeur et de bassesse. Dans ce mélange, néanmoins, reconnaissons et la sagesse de Dieu, et sa bonté sur l'homme même dégradé ; admirons ce grand ouvrage. Le fruit de cette étude sera de nous rappeler à la considération de nous-mêmes, pour nous élever jusqu'à notre auteur par une route qui ne pourra nous égarer.

La reconnaissance est un poids insupportable pour certains hommes. De leur orgueil inflexible, de la dureté de leur cœur, naît, en eux, un fanatisme qui les arme et contre eux-mêmes et contre Dieu. Ils aiment mieux s'avilir à leurs propres yeux que de reconnaître les bienfaits les plus signalés dont ils lui sont redevables. Ah ! loin de moi ces idées fausses et désespérantes ! Qu'elle est consolante, au contraire, et qu'elle est touchante la vraie sagesse, lorsqu'elle me peint l'homme sous ses véritables couleurs !

O Dieu ! s'écrie-t-elle par la bouche de David, que votre nom est admirable dans toute la terre ! Vous avez élevé votre gloire au-dessus des cieux ; de la bouche même des enfants et de ceux qui sont encore à la mamelle, vous savez tirer votre plus grande gloire, et couvrir vos ennemis de confusion. Vous avez fait l'homme presque égal aux anges ; vous l'avez couronné de gloire et d'honneur ; vous avez soumis à son empire tous les ouvrages de vos mains ; il voit au-dessous de lui toutes les autres créatures : les brebis, les bœufs, et les animaux errants dans les champs ; les oiseaux du ciel, et les poissons de la mer, qui se promènent dans les sentiers de ses eaux.

L'extérieur du corps de l'homme est la preuve de ses prérogatives sur tous les êtres vivants ; mais son visage suffirait seul pour les indiquer. Dirigé vers les cieux, il annonce sa grandeur, exprimée dans tous ses traits, et montre, en même temps, et sa noblesse et sa destination.

Tant que l'âme est tranquille, toutes les parties du visage sont dans un état de repos : leur proportion, leur union, leur ensemble, marquent la douce harmonie des pensées, et répondent au calme de l'intérieur. Mais lorsque l'âme est agitée, la face humaine devient un tableau vivant, où les passions sont rendues avec autant de délicatesse que d'énergie. Chaque affection de l'âme a son impression particulière, et chaque changement dans les traits est le signe caractéristique des mouvements les plus secrets de notre cœur. C'est surtout dans les yeux qu'ils se peignent et qu'on peut les reconnaître : l'œil est, plus que les autres organes des sens, l'organe immédiat de l'âme. Les passions les plus tumultueuses et les affections les plus douces s'y peignent avec la plus grande vérité comme dans un miroir. Aussi peut-on appeler l'œil le vrai interprète de l'âme et l'organe de l'entendement humain.

C'est une preuve bien sensible de la sagesse de Dieu que cette diversité qui règne dans l'extérieur des hommes, et qui, malgré la grande ressemblance qu'ils ont les uns avec les autres dans leurs parties essentielles, permet de les distinguer aisément et sans s'y tromper. De tant de millions d'individus, il n'en est pas deux qui se ressemblent parfaitement : chacun a quelque chose de particulier, surtout dans le visage, la voix et le langage. Cette diversité des physionomies est d'autant plus étonnante, que les parties qui composent la face humaine sont en assez petit nombre, et que, dans chaque sujet, elles sont disposées selon le même plan.

Quel bouleversement dans le commerce ! Que de subornations à l'égard des témoins ! En un mot, l'uniformité et la parfaite ressemblance des visages feraient perdre à la société humaine tous ses charmes, et raviraient aux hommes presque tous les avantages qu'ils trouvent dans le commerce de la vie.

La diversité des traits entrait donc dans le plan du gouvernement de Dieu ; elle est une preuve du tendre soin qu'il prend des hommes ; et il est manifeste que non-seulement la structure générale du corps, mais aussi la disposition des diverses parties qui le composent, est le fruit de la plus profonde sagesse. Partout la variété s'y trouve jointe à l'uniformité ; d'où résultent l'ordre, les proportions et la beauté.

Dans la disposition des parties de notre corps, Dieu n'a pas eu moins d'égard à la commodité. Au moyen des divers organes, l'âme peut exécuter ses volontés sans obstacles. Les sens, comme autant de sentinelles, l'avertissent avec célérité de ce qui l'intéresse ; et les membres obéissent avec docilité à ses ordres. Chargé de veiller sur toute la personne, l'œil occupe le poste le plus élevé : il peut se tourner de tous côtés et observer tout ce qui se passe. Les oreilles, placées de même en un lieu éminent, sont ouvertes jour et nuit pour rendre l'âme attentive au moindre bruit et lui communiquer les impressions des sons. Comme les aliments doivent passer par la bouche avant de se rendre dans l'estomac, l'organe de l'odorat est situé immédiatement au-dessus d'elle, pour veiller, ainsi que l'œil, à ce qu'elle ne reçoive rien de nuisible et de corrompu. Quant au toucher, il n'a pas son siége dans un endroit particulier : il est répandu dans toute l'habitude du corps, afin de pouvoir discerner le plaisir de la douleur, et de tourner ces sensations au bien-être de l'individu. Les bras sont les ministres dont l'âme se sert pour exécuter la plupart de ses volontés. Situés près de la poitrine, où le corps a le plus de force, et à une distance convenable des membres inférieurs, ils sont placés de la manière la plus commode pour toute sorte d'exercices et d'ouvrages, pour la garde et la sûreté de la tête et des autres membres.

O homme ! garde-toi de détruire un ouvrage si artistement construit, ou de le rendre difforme par des désordres et des excès ! Garde-toi de l'avilir par de honteuses passions !

Soit que l'on considère le principe de la voix humaine, soit que l'on s'occupe de ses variations ou de son organe, il est impossible de réfléchir sur son admirable mécanisme sans être saisi d'étonnement et pénétré de reconnaissance.

Au fond de la gorge, et au sommet de la trachée-artère, est une machine assez composée, formée de l'assemblage de différentes pièces diversement configurées, les unes cartilagineuses, les autres ligamenteuses et tendineuses : tel est le larynx, ou le principal organe de la voix. Au milieu, est une ouverture, qu'on nomme la glotte, recouverte par l'épiglotte, petit cartilage qui peut s'élever et s'abaisser pour ouvrir et fermer le canal. Tout l'air que le poumon chasse dans la trachée, au moment de l'expiration, est forcé d'enfiler cette ouverture étroite ; et c'est du frottement de cet air que dépend en général la formation de la voix.

Mais ce n'est pas à cela seul que se réduit le mécanisme de cet organe. Il n'est pas simplement un instrument à vent; il est à la fois un instrument à vent et à cordes, et même beaucoup plus à cordes qu'à vent. Sur chaque lèvre de la glotte, est un ruban que différents cartilages sont chargés d'allonger ou de raccourcir, de relâcher ou de tendre : tensions et longueurs dont dépend la diversité des tons. Ces rubans sont comme des cordes vocales ; mais il faut un archet pour les faire vibrer. L'air que le poumon chasse vers la glotte en fait l'office ; et le poumon lui-même peut être regardé comme la main qui conduit l'archet. Mais ne croyez pas que cela soit fondé sur de simples conjectures : l'expérience le confirme. Si l'on détache la trachée avec les principales pièces du larynx d'un animal mort depuis plusieurs jours, et qu'on souffle fortement dans cette trachée par son extrémité inférieure en même temps qu'on tient les rubans de la glotte plus ou moins bandés ; aussitôt on entend la voix ou le cri propre à l'espèce de l'animal ; et cette voix ou ce cri hausse ou baisse de ton, suivant qu'on tend ou qu'on relâche les rubans de sa glotte. Une chose bien digne de remarque dans cette singulière expérience, c'est que la voix ou le cri est toujours parfaitement reconnaissable, que la trachée ait appartenu à un homme ou à quelque animal. Le mugissement du taureau, le bêlement de la brebis, le cri du chien qui souffre, celui du coq, sont si bien caractérisés, qu'on ne peut s'y méprendre. Cependant, combien de choses manquent ici à l'instrument vocal, pour modifier et déterminer la voix ! Non-seulement le larynx se trouve fort mutilé, mais il n'existe plus ni palais, ni langue, ni dents, ni lèvres.

L'agrément de la voix dépend de la conformation de toutes les parties intérieures de la bouche, des cavités du nez ; elle ne peut être agréable qu'autant qu'elle retentit dans les parois de ces deux organes. Quand le nez est bouché, comme il arrive dans l'enchifrènement, la voix devient désagréable ; et ce désagrément, loin de venir de ce qu'on parle du nez, comme on le dit communément, vient, au contraire, ici, de ce qu'on n'en parle pas.

L'étendue des capacités dans lesquelles l'air sonore résonne contribue beaucoup à l'agrément et à la modification des sons. Voilà pourquoi la voix devient plus grave vers la quinzième ou la seizième année. A cet âge, l'intérieur de la bouche augmente en dimensions ; l'air sonore se modifie dans de plus grands espaces ; et il arrive, par rapport aux différents tons de la voix, ce qui arrive lorsqu'on joue d'un instrument dans un endroit plus spacieux : les sons deviennent plus graves. Joignez encore à cette cause les dimensions de la poitrine, la force des muscles, le ressort des organes, qui est augmenté notablement.

La prérogative de l'homme sur les animaux relativement à la voix consiste en ce qu'il peut la modifier d'une infinité de manières. Le son de la voix *a* est différent de celui qui se fait entendre quand on prononce les voix *e*, *i*, *o*, *u*, quand même on les prononcerait toutes sur le même ton. La raison de cette différence est au nombre des mystères de la nature. Pour faire entendre les cinq voix représentées par nos cinq voyelles, il faut ouvrir plus ou moins la bouche ; et, par cet effet, celle de l'homme a une conformation différente de celle de tous les animaux. Ceux mêmes d'entre les oiseaux qui apprennent à imiter la voix humaine, ne sont jamais capables de prononcer distinctement les diverses voyelles ; et de là vient que cette imitation est si imparfaite. Quant aux articulations, qui sont représentées par les consonnes dans l'écriture, trois de nos organes concourent principalement à les former : les lèvres, la langue et le palais. Le nez y participe aussi ; quand il est bouché, il devient impossible de prononcer certaines lettres, au moins d'une façon intelligible.

Ce qui prouve combien est merveilleuse l'organisation qui rend notre bouche capable de prononcer les mots, c'est que l'art humain n'a pu venir à bout de l'imiter qu'en très-petite partie et fort imparfaitement. On imite le chant de l'homme, cela est vrai, mais on n'imite pas si aisément l'articulation des sons, ni la prononciation des différentes voyelles. Le jeu de l'orgue appelé voix humaine ne produit d'autres sons que ceux qui se rapprochent de la voix *é*, ou *ein;* et tous les efforts de l'art ne sauraient parvenir à imiter nettement la plupart des mots qu'il nous est si facile de prononcer.

Puissent ces réflexions nous faire sentir tout le prix de la parole, qui nous distingue si avantageusement du reste des animaux ! Qu'elle serait triste la société humaine, si nous étions privés totalement de la faculté de transmettre nos pensées par le discours, si nous ne pouvions épancher notre cœur dans le sein de l'amitié ! Vous qui, dès votre enfance, avez été privés de ce don précieux ; ô vous pour qui la nature a été si avare, vous m'apprenez, par votre infortune, à estimer mon bonheur et à remercier Dieu d'avoir mis au nombre des biens dont me comble la faculté de me servir de la parole.

XXVI.

Vie de l'homme.

Il n'est point, sur la terre, de créature qui ait autant de besoins que l'homme. Nous venons au monde dans un état de nudité, de destitution et d'ignorance. La nature nous a refusé cette industrie et cet instinct que les bêtes montrent presque en naissant; elle ne nous a donné que la raison, pour acquérir, avec le temps, l'habileté et les talents qui nous sont nécessaires. A cet égard, les animaux peuvent nous paraître dignes d'envie. Ne sont-ils pas heureux, en effet, de n'avoir aucun besoin de ces habillements, de ces commodités, de ces armes dont nous ne pouvons nous passer, et de n'être dans l'obligation ni d'inventer, ni d'exercer cette foule de métiers et d'arts sans lesquels l'homme ne saurait subvenir à ses diverses nécessités? Ils naissent, pour ainsi dire, tout armés ; et, s'il leur manque quelque chose, ils peuvent aisément se le procurer au moyen de cet instinct naturel qu'ils n'ont qu'à suivre aveuglément. Leur faut-il des habitations, ils savent s'en creuser ou s'en construire. Ont-ils besoin de lits, de couvertures, d'habits, ils ont l'art d'en filer, d'en tisser, et de se débarrasser des vêtements qui leur deviennent inutiles. S'ils ont des ennemis, ils sont pourvus d'armes pour se défendre; s'ils sont malades ou blessés, ils savent trouver les remèdes qui leur conviennent. Et nous, supérieurs aux autres animaux, et faits pour leur commander, nous avons plus de besoins, et, au premier coup d'œil, moins de moyens de les satisfaire.

Pourquoi donc, à tous ces égards, le Créateur a-t-il moins avantagé les hommes que les bêtes? C'est qu'il forma l'homme pour la société, et voulut qu'il ne pût être heureux que du bonheur commun. La sagesse suprême se manifeste ici, comme en toute autre chose. En assujettissant l'homme à tant de besoins, elle a voulu mettre continuellement en exercice cette raison qui nous fut donnée pour nous rendre heureux, et qui nous tient lieu de toutes les ressources des autres animaux. Sujets à une multitude de besoins corporels, nous sommes forcés de faire usage de notre raison; d'acquérir la connaissance du monde et de nous-mêmes; d'être vigilants, actifs, laborieux, pour nous garantir de l'indigence, de la douleur, du chagrin, et pour répandre sur la vie les agréments et le bonheur dont elle est susceptible. L'usage de la raison est, en même temps, le seul moyen de maîtriser les passions et d'éviter, dans les plaisirs, les excès qui nous deviendraient funestes.

Si nous pouvions sans peine nous procurer les fruits et les autres aliments, insensiblement nous nous abandonnerions à l'indolence, à la mollesse, et nous consumerions la vie dans une oisiveté honteuse. Les nobles facultés de l'homme s'affaibliraient, elles s'engourdiraient. Les liens de la société se rompraient, parce que nous ne serions plus dans une dépendance réciproque. Les enfants mêmes n'auraient plus besoin de l'assistance de leurs parents, moins encore de celle des autres hommes ; le genre humain retomberait dans la barbarie. Dans cet état plus que sauvage, nous ne serions plus des hommes ; il n'y aurait plus, entre tous les individus de l'espèce humaine, ni subordination, ni prévenances, ni bons offices mutuels.

C'est donc à nos besoins que nous sommes redevables du développement de nos facultés. Ils éveillent notre esprit ; ils lui donnent de la force et de l'étendue ; ils appellent l'industrie, et versent sur nos jours des commodités et des agréments inconnus aux animaux. C'est le besoin qui nous rend humains, compatissants, raisonnables et réglés dans toute notre conduite ; c'est à lui que nous devons une multitude d'arts et de sciences. Une vie active et laborieuse est nécessaire à l'homme. Si ses facultés et ses forces ne sont point exercées, il devient à charge à lui-même ; il tombe peu à peu dans une stupide ignorance, dans une grossière et basse volupté, dans tous les vices qu'elles entraînent après elles. Le travail, au contraire, met toute la machine en mouvement, lui donne un utile ressort, et procure à l'âme d'autant plus de satisfaction, qu'il exige plus d'industrie, d'esprit, de réflexion et de lumières.

Dieu attacha le plaisir à l'emploi du temps, la peine à sa perte. Gardons-nous de prendre l'inaction pour le repos. Les soins de la vie, quand ils ne sont pas excessifs, en font la consolation et les charmes les plus réels. Celui qui n'en a point est obligé de s'en imposer de volontaires, sous peine de rester malheureux. L'âme jouit quand elle est occupée; oisive, elle éprouve des tourments insupportables. La joie est un fruit qui ne peut croître que dans le champ du travail; et quand ce n'est pas un plaisir, c'est un supplice d'exister.

De quels doux sentiments nos besoins ne sont-ils pas la source! Si, après avoir reçu la naissance, les secours de nos parents nous devenaient inutiles, nous rapporterions tout à nous-mêmes; nous ne vivrions que pour nous; et nous serions des brutes. Au contraire, les besoins de l'enfance, l'état de destitution où nous nous trouvons en naissant, sollicitent la tendresse et la compassion de la mère et du père; les enfants, de leur côté, s'attachent aux parents pour le sentiment du besoin, de la reconnaissance ; ils se laissent conduire par eux. Formés par leurs instructions et par leurs exemples, ils apprennent à faire un bon usage de leur entendement, à respecter les mœurs, et, devenus hommes de bien, ils parviennent à mener, au sein de l'amitié, une vie honnête et heureuse.

Et, avec de tels avantages, nous pourrions regretter ceux que les animaux paraissent avoir sur nous ! Il est vrai que nous n'avons ni fourrures ni plumes pour nous vêtir ; point de griffes pour nous défendre ; mais ces présents ne feraient que nous dégrader, en nous réduisant à une perfection purement animale. Nos sens, nos mains et la raison, suffisent pour nous procurer des vêtements, des aliments, des armes, tout ce qui est nécessaire à notre sûreté, à notre entretien, à nos plaisirs, et pour nous mettre en état d'appliquer à notre usage toutes les richesses de la nature.

Ils sont donc les vrais fondements de notre bien-être, ces besoins dont tant d'hommes murmurent : ils sont des moyens choisis par la sagesse et la bonté divine pour nous y conduire. Si nous étions assez raisonnables pour les employer convenablement à ses vues, que de chagrins nous nous épargnerions! De cent infortunés, à peine en serait-il un qui pût attribuer ses malheurs à la nature; et nous serions forcés de reconnaître que la somme des biens l'emporte de beaucoup sur celle des maux; que nos peines sont adoucies par toutes les jouissances que la société nous procure; et qu'il dépend généralement de nous de mener une vie non-seulement supportable, mais encore remplie d'agréments.

Le travail est nécessaire à l'homme; il doit indispensablement s'y livrer, quels que soient son état et sa condition; et il est certain qu'une grande partie des commodités et du bonheur de la vie en dépendent. Mais ses forces seraient bientôt épuisées, et il ne tarderait pas à devenir incapable de se servir des membres de son corps et des facultés de son âme, si Dieu n'avait continuellement soin de lui communiquer l'activité nécessaire pour remplir les devoirs de sa vocation. Comme nous perdons à chaque instant quelque partie de notre propre substance, nous nous épuiserions bientôt, et nous tomberions dans une consomption mortelle, si nos esprits n'étaient sans cesse renouvelés et ranimés. Pour que nous puissions suffire au travail qui nous est prescrit, il faut que notre sang fournisse toujours cette matière déliée, ce fluide infiniment subtil qui, mettant en jeu les nerfs et les muscles, entretient l'action et le mouvement du corps. Les aliments ne pourraient ni se digérer parfaitement, ni se distribuer régulièrement dans toutes ses parties, si la machine était toujours en action. Il faut que le travail de la tête, celui des bras ou des pieds, soit interrompu pour un temps, afin que la chaleur et les esprits ne soient plus employés qu'à aider les fonctions relatives à la nutrition.

Mais qui nous rendra cet important service? A l'entrée de la nuit, les forces qui ont été en exercice pendant le jour diminuent, les esprits vitaux s'affaiblissent, les sens s'émoussent, et nous sommes invités au sommeil sans pouvoir nous y refuser. Dès que nous nous y livrons, il nous restaure et nous rafraîchit. Les méditations de l'esprit et les travaux des mains s'arrêtent tout à coup ; et, dans cette inaction si approchante de la mort, les membres fatigués se réparent ; cette réparation les rend plus souples et plus flexibles ; elle entretient dans l'ordre tous les mouvements du corps ; elle ranime nos facultés intellectuelles et répand dans notre âme une sérénité, une activité nouvelles.

A quels maux ne s'exposent donc pas ceux qui, pour des vues frivoles, pour un vil intérêt, souvent pour satisfaire d'infâmes passions, se dérobent à eux-mêmes les heures destinées au sommeil! Ils troublent l'ordre de la nature, ordre établi pour leur avantage ; ils énervent, par leur propre faute, les forces de leur corps, et s'attirent une fin prématurée. Insensés ! pourquoi vous priver d'un bien dont le Père commun favorise également les pauvres et les riches, les petits et les grands, les ignorants et les savants? Pourquoi abréger des jours qu'une sage providence vous donne le moyen de prolonger par un doux sommeil? Pourquoi vous dérober volontairement le repos si restaurant qu'il est destiné à vous procurer ? Hélas ! il viendra des nuits où, loin de goûter ses douceurs, vous vous agiterez dans un lit d'angoisses, où vous compterez tristement des heures longues et douloureuses ; et peut-être ne sentirez-vous tout le prix du sommeil que lorsqu'il fuira loin de vous !

On passe de la veille au sommeil avec plus ou moins de rapidité, suivant le tempérament et l'état actuel de la santé; mais qu'il soit prompt ou tardif, il vient toujours de la même manière; et les circonstances qui le précèdent sont les mêmes dans tous les hommes.

La première chose qui arrive quand nous nous endormons, c'est l'engourdissement des sens, qui, ne recevant plus l'impression des objets extérieurs, se relâchent et peu à peu tombent dans l'inaction. L'attention diminue et se perd, la mémoire se trouble, les passions se calment, la suite des pensées et des raisonnements se dérègle. Tant que l'on s'aperçoit du sommeil, ce n'en est que le premier degré : on ne dort point encore; on ne fait que sommeiller. Essayez d'épier le moment où le sommeil s'empare de vos sens : cette attention même suffira pour en écarter les approches; et vous ne vous endormirez point avant que cette idée se soit évanouie. Le sommeil vient sans qu'on l'appelle : c'est un changement dans notre manière d'être, où la réflexion n'a point de part; et plus on fait d'efforts pour le produire, moins on y réussit. Pour dormir tout à fait, il ne faut plus avoir cette conscience, ce sentiment libre et réfléchi de soi que l'état de veille peut seul nous donner.

Je vis alors sans le savoir, sans le sentir. Les battements du cœur, la circulation du sang, la digestion, la séparation des humeurs, toutes les fonctions naturelles et vitales enfin continuent et s'opèrent dans le même ordre. Mon âme paraît suspendre pour un temps son activité; et peu à peu, elle perd toute sensation, toute idée distincte. Les sens amortis interrompent leurs opérations accoutumées; les muscles, par degrés, se meuvent plus lentement, jusqu'à ce qu'enfin tous les mouvements volontaires aient cessé. L'homme ne semble alors qu'un être qui végète. Le cerveau ne peut plus transmettre à l'âme les notions qu'il y occasionnait dans l'état de veille : elle ne voit aucun objet, quoique le nerf de la vue n'ait reçu aucune altération; et elle ne verrait rien, quand même les paupières seraient ouvertes. Les oreilles le sont, et elles n'entendent point. En un mot, la situation d'un homme qui dort est merveilleuse à tous égards; et peut-être n'en est-il plus qu'une pour lui sur la terre qui soit aussi remarquable : c'est l'état où nous réduit la mort.

Le sommeil et la mort se rapprochent et sont pleins de conformités. Qui pourrait penser à l'un sans se représenter l'autre? Aussi imperceptiblement, ô homme, que tu tombes aujourd'hui dans les bras du premier, aussi insensiblement un jour tu tomberas dans les bras de la mort. Celle-ci, il est vrai, annonce souvent son arrivée plusieurs heures et même plusieurs jours d'avance; mais l'instant effectif où elle viendra te saisir arrivera tout à coup; et lorsque tu paraîtras sentir son atteinte, elle sera déjà surmontée. Les sens, qui interrompent leurs fonctions durant le sommeil, sont également incapables d'agir à l'approche de la mort. Dans l'une et l'autre circonstance, les idées s'obscurcissent : nous oublions tous les objets qui nous entourent ; nous nous oublions nous-mêmes ; et, peut-être, le moment où l'on meurt est-il aussi peu sensible que le moment où l'on s'endort.

Je fais donc tous les jours l'apprentissage de la mort : le sommeil en est la vive image; et, dans l'un et l'autre état, je suis sous la garde de Dieu même. Si, durant mon sommeil, sa bonté n'étendait sur moi une main protectrice, à combien de dangers je serais exposé pendant la nuit ! S'il n'entretenait et ne dirigeait les battements de mon cœur, la circulation de mon sang, le mouvement de mes muscles, le premier sommeil qui suivit ma naissance eût été celui de la mort ; et si Dieu m'avait privé du bienfait du sommeil, depuis longtemps j'aurais perdu les forces et la vie.

En nous occupant des bienfaits de Dieu relatifs au sommeil, il y aurait de l'ingratitude à passer sous silence les moyens qu'il nous fournit de le goûter avec agrément. Pendant l'été, peut-être ne sentons-nous pas ce bienfait avec toute la reconnaissance qu'il doit nous inspirer; mais, dans la saison où le froid va sans cesse en augmentant, on aperçoit quelle faveur Dieu nous fait en permettant que nous puissions prendre notre repos dans un lit doux et commode. Si, dans ces nuits froides, nous venions à en être privés, la transpiration se ferait moins bien ; la santé en souffrirait, et le sommeil ne serait ni si paisible ni si restaurant. A cet égard, le lit est déjà un bienfait considérable pour l'homme. Mais d'où naît la chaleur que j'y éprouve ? Je serais dans l'erreur si je croyais que c'est le lit qui me réchauffe. Bien loin qu'il puisse me communiquer la chaleur, c'est de moi qu'il la reçoit. Seulement il empêche que celle qui s'exhale de mon corps ne se dissipe dans l'air : il la retient.

Je sentirai de plus en plus le prix de ce bienfait, si je considère combien de créatures concourent à me procurer un sommeil tranquille. Combien d'animaux ont été chargés de me fournir leurs plumes ou leur laine ! Supposons qu'un lit ordinaire contienne trente-six livres de plumes, et qu'une oie n'en ait qu'une demi-livre environ sur le corps ; il faudra, pour garnir ce seul lit, la dépouille de soixante-douze de ces oiseaux. Et, outre cela, que d'autres matériaux, que de mains, que de travail un lit n'exige-t-il pas !

C'est par de semblables calculs qu'on peut sentir tout le prix des bienfaits de Dieu. D'ordinaire, nous ne considérons que fort superficiellement les présents qu'il nous fait. Nous en serions tout autrement frappés si nous les examinions en détail. Réfléchissez sur les diverses parties dont votre lit est composé, et vous serez étonné de voir que, pour vous le procurer, il a fallu le travail de dix personnes au moins ; il a coûté la vie à beaucoup d'animaux ; il a fallu que les champs fournissent du lin, pour les couvertures et les draps ; les forêts des planches, pour le bois. Vous verrez qu'une partie assez considérable de la création a dû être mise en mouvement pour que vous puissiez jouir d'un doux repos. Les mêmes réflexions, vous pourrez les faire sur les bienfaits les plus communs et les plus journaliers. Votre linge, vos habits, votre chaussure, votre pain, votre boisson, en un mot, toutes les nécessités de la vie, sont le résultat du concours et de la peine d'une multitude innombrable de personnes.

Pourriez-vous donc vous mettre au lit sans éprouver quelque sentiment de reconnaissance ?

Cette obligation est d'autant plus étroite, qu'il n'y a que trop de vos frères qui ne sauraient trouver dans leurs lits le repos qu'ils y cherchent, ou qui même n'ont point de lit. Ah ! ces infortunés méritent toute votre compassion ! Combien n'y en a-t-il pas qui, exposés à toute l'inclémence des saisons, voyageant ou par terre ou par mer, détenus dans les prisons, ou habitant de chétives cabanes, soupirent après un lit, et se croiraient les plus heureux des hommes, s'ils pouvaient avoir seulement une partie de ce qui compose le vôtre !

Combien, parmi les habitants d'une ville, ne s'en trouve-t-il pas dans quelqu'une de ces tristes circonstances; et que d'avantages n'avez-vous pas sur eux! Combien de vos semblables qui veillent pour vous toutes les nuits : le soldat à son poste, le navigateur sur la mer!... Mais combien plus encore qui, quoique pourvus de lit, ne peuvent y trouver le sommeil qu'ils invoquent à grands cris! Dans le circuit d'une seule demi-lieue, il n'est que trop de malades que les douleurs empêchent de dormir, d'affligés que le chagrin tient éveillés, de pécheurs que les remords tourmentent, d'infortunés auxquels des peines secrètes, l'indigence et les inquiétudes, ne laissent éprouver qu'une longue et pénible insomnie! S'il n'est point en votre pouvoir d'adoucir leurs souffrances, au moins accordez-leur votre compassion. Toutes les fois que vous vous mettez au lit, adressez des vœux au ciel pour vos malheureux frères qui n'en ont point ou qui ne peuvent jouir des douceurs qu'il vous procure. Priez pour ceux que le chagrin, la douleur ou la pauvreté prive du sommeil; priez pour ceux dont la terre est le seul lieu de repos durant la nuit.

Pensez ensuite à votre lit de mort; vous ne dormirez pas toujours aussi tranquillement que vous le faites : elles viendront ces nuits où vous baignerez votre couche de vos larmes, et où vous vous trouverez environné des angoisses de la mort. Mais elles ne tarderont pas à être suivies d'un doux repos et d'un paisible sommeil, si vous vous endormez dans le sein de l'Eternel. Que dis-je! votre âme s'éveillera pourvue de forces nouvelles, pour contempler la face du Dieu vivant. Dans les jours même de santé et de prospérité, pensez, pour votre corps, à ce dernier lit que la terre vous donnera jusqu'au grand jour de la résurrection; pour votre âme, à ce bonheur constant, ineffable, qui vous est destiné, si vous travaillez à vous en rendre digne; pensez-y souvent avec consolation et avec joie.

La vie de l'homme est fragile et passagère. Depuis le moment de notre naissance, chaque pas nous conduit à la mort, et combien en est-il qui arrivent à cet instant fatal avant d'avoir commencé de vivre!

Avec quelle rapidité les jours, les semaines, les mois et les années s'écoulent ou plutôt s'envolent! On en jouit à peine, qu'ils sont déjà évanouis! Essayez de les retracer à votre mémoire et de les suivre dans leur course ; pourriez-vous en détailler toutes les époques ? Et, s'il n'y avait eu, dans votre vie, certains moments trop remarquables pour ne s'être pas gravés dans votre souvenir, vous seriez encore moins en état de vous en rappeler l'histoire. Combien d'années de votre enfance consacrées aux amusements du jeune âge, et dont vous ne pouvez dire autre chose, sinon qu'elles se sont écoulées ! Combien d'autres pensées dans l'insouciance de la jeunesse ; disons mieux, dans cette effervescence où l'égarement des passions et l'ivresse des plaisirs ne vous laissaient, par un coupable délire, ni la volonté ni le temps de faire un retour sérieux sur vous-même ! A ces années ont succédé celles d'un âge plus mûr. Vous pensâtes alors qu'il était temps de changer de conduite et d'agir en homme ; mais les affaires et les embarras qu'elles traînent à leur suite prirent tous vos moments ; et il ne vous en resta aucun pour méditer sur vos premières années. Votre famille s'augmenta ; vos inquiétudes, vos soins pour satisfaire à ses besoins, s'accrurent avec elle. Insensiblement, le temps de la vieillesse approche, et peut-être alors n'aurez-vous encore ni le loisir ni la force de vous rappeler le passé ; de réfléchir sur le terme où vous serez arrivé, sur ce que vous aurez fait ou négligé de faire ; d'envisager, pour tout dire enfin, le but pour lequel Dieu vous avait placé dans ce monde. Cependant, qui peut vous promettre d'atteindre à cet âge avancé ?

Mille accidents déchirent le tissu délicat de la vie, avant même qu'elle ait acquis l'étendue qui lui est propre. L'enfant qui vient de naître, tombe et se réduit en poussière. Ce jeune homme qui donnait les plus belles espérances, est moissonné dans ses plus beaux jours : une maladie violente, un événement imprévu l'a précipité dans le tombeau. Les dangers se multiplient avec les années : la négligence et les excès enfantent des germes de maladie et disposent le corps aux atteintes cruelles des épidémies. Le dernier âge est en butte à plus de maux encore ; en un mot, l'homme ne fait que paraître ; et la moitié de ceux qui naissent dans le court espace des dix-sept premières années, deviennent victimes de la mort.

D'après le nombre d'hommes que, par approximation, l'on juge devoir exister aujourd'hui sur la terre, et l'estimation qu'on a faite du cours de la vie humaine, il meurt, dans l'espace d'environ trente-trois ans, mille millions d'hommes; dans une année, à peu près trente millions ; chaque jour, quatre vingt-deux mille ; chaque heure, trois mille quatre cents ; chaque minute, soixante ; chaque seconde, un homme. Quel effrayant calcul !... Et qui m'assure qu'à cet instant même, mon nom ne va pas grossir la liste des morts ?... Au moment où je lis cette ligne, un de mes semblables meurt ; et avant qu'une heure soit écoulée, plus de trois mille hommes se précipiteront dans l'abîme de l'éternité !... Quel juste motif de penser souvent à la mort !

Telle est l'histoire abrégée mais fidèle de la vie. O toi, pour qui la sagesse n'est pas un vain nom, apprends à employer cette vie si importante et si courte, de manière à pouvoir acquérir la science de compter tes jours par le digne usage que tu en auras fait, et de racheter le temps qui s'envole avec une étonnante rapidité. Pendant que tu t'occupes de ces réflexions, quelques minutes t'ont encore échappé ; mais quel trésor précieux d'heures et de jours n'amasserais-tu pas, si, du nombre prodigieux de ces heures dont tu peux disposer, tu en donnais souvent quelques-unes à de si utiles considérations ! Penses-y mûrement : chaque instant est une portion de ton existence qu'il t'est impossible de reprendre, mais dont le souvenir peut te causer ou de cuisants remords, ou de bien doux contentements.

XXVII.

Les œuvres de la création.

Que peut-on comparer à la perfection des œuvres de Dieu? et qui pourrait décrire l'infinie puissance qui s'y manifeste? Leur grandeur, leur multitude, leur variété nous remplissent d'admiration; chaque ouvrage en particulier est fait avec un art infini; l'exactitude, la régularité des moindres productions, annoncent la grandeur et l'intelligence sans bornes de leur auteur. On s'étonne avec raison de certains arts que les modernes ont inventés, et au moyen desquels ils exécutent des choses qui auraient paru surnaturelles à nos ancêtres. Mais que sont toutes les inventions, que sont les ouvrages des hommes les plus beaux et les plus magnifiques, en comparaison de la moindre des œuvres de Dieu? Quelles faibles imitations! qu'elles sont imparfaites! Que le plus habile artiste s'applique de tout son pouvoir à donner à son ouvrage des formes agréables et utiles; qu'il le travaille, qu'il le perfectionne, qu'il le polisse avec tout le soin dont il est capable; et qu'après toutes ces peines il vienne à considérer ce chef-d'œuvre à travers le microscope : combien ne lui paraîtra-t-il pas informe, rude et grossier!

Mais qui pourrait décrire les beautés innombrables, les charmes si variés, le mélange gracieux des couleurs, les décorations si diversifiées des prairies, des vallons, des montagnes, des forêts, des plantes et des fleurs? De toutes les œuvres de Dieu, en est-il une qui n'ait sa beauté propre et distinctive? Quelle étonnante variété de formes, de figures, de grandeurs, ne découvre-t-on pas dans les créatures inanimées! Mais une diversité bien plus considérable encore a lieu entre les êtres animés ; et cependant chacun d'eux, considéré dans son espèce, est parfait ; avec des idées justes et un examen approfondi, on n'y saurait trouver rien à reprendre. Quel est donc l'être qui, par un seul acte de sa volonté, a donné l'existence à toutes ces créatures ?

La contemplation du monde offre, de toutes parts, les traces d'une intelligence suprême, qui a tout ordonné, qui a prévu tous les effets à résulter des forces qu'elle imprimait à la nature ; qui, avec une sagesse infinie, a tout combiné pour l'ensemble et pour ses parties. Ainsi, l'univers, une fois formé, peut subsister toujours, et du moins remplir constamment sa destination quant aux êtres purement physiques, sans qu'il soit nécessaire de rien changer aux lois générales primitivement établies.

Le contraire a souvent lieu dans les ouvrages des hommes. Les machines les plus artistement construites commencent bientôt à ne plus répondre à la fin qu'on s'y est proposée ; elles exigent des réparations fréquentes ; elles se détériorent et se détraquent de plus en plus. Le principe de ces dérangements et de ces irrégularités se trouve dans leur construction. Car il n'est point d'artiste, quelque habile qu'il soit, qui puisse prévoir tous les changements auxquels ses ouvrages pourront être sujets, et moins encore y obvier.

Le monde corporel est aussi une machine; mais les parties dont elle est composée et leurs divers usages sont innombrables. Elle est divisée en plusieurs globes, lumineux ou opaques. Les globes opaques qui servent d'habitation à une multitude infinie de créatures de toute espèce, se meuvent dans des orbes qui leur sont prescrits, et dans des temps réglés, autour des globes lumineux, pour en recevoir la lumière et la chaleur, le jour et la nuit, les saisons, la nourriture et l'accroissement. Les positions des planètes et leur gravitation naturelle sont si diversifiées, qu'il paraîtrait comme impossible de déterminer d'avance le temps où elles reviendront au point d'où elles sont parties pour recommencer leur cours périodique ; et, malgré la diversité des phénomènes que ces globes nous présentent, il n'est point encore arrivé, depuis tant de siècles, que ces masses énormes se soient entreheurtées dans leurs révolutions. Toutes les planètes parcourent régulièrement leurs orbes dans le temps réglé par la Providence : elles ont toujours gardé leur ordre et leurs différences respectives ; elles ne se sont point rapprochées du soleil. Les étoiles fixes sont telles aujourd'hui qu'on les observait il y a deux mille ans : leur distance, leur ascension droite, leurs directions sont encore les mêmes. Preuve incontestable que, dans le premier arrangement des corps célestes, dans la mesure, les lois et les rapports de leurs forces, l'auteur de la nature a prévu et déterminé pour toute la durée des siècles l'état du monde et de toutes ses parties.

Il faut dire la même chose de notre terre, en tant qu'elle est annuellement sujette à diverses révolutions et à des changements de température.

Mais rien n'est plus propre à nous faire sentir combien nous ignorons les causes particulières des événements naturels et leur liaison avec l'avenir, que la diversité qui s'observe dans la température de l'air ; diversité qui a tant d'influence sur l'aspect et la fertilité de notre globe. En vain multiplierons-nous les observations météorologiques, jamais nous n'en pourrons déduire des règles et des conséquences certaines pour la suite ; et nous ne trouverons jamais d'année qui soit parfaitement semblable à une autre. Ce dont nous sommes néanmoins bien assurés, c'est que ces variations continuelles, cette confusion apparente des éléments, ne bouleversent pas le globe, n'en détruisent pas l'équilibre et n'y ramèneront point le chaos. Elles sont, au contraire, les vrais moyens d'y maintenir, d'année en année, l'ordre, la fertilité et l'abondance. Puis donc que chaque modification actuelle est fondée, généralement parlant, sur la modification précédente, il est manifeste que les éléments n'ont pas été formés et combinés par un hasard aveugle.

Ainsi, le monde n'est pas composé de matériaux désunis ou mal liés. C'est un tout régulier, parfait, dont la structure et l'arrangement sont l'ouvrage d'une intelligence suprême. Si nous voyons sur la terre une multitude d'êtres qui ont la même nature et la même destination que nous ; si nous découvrons des classes plus nombreuses encore d'autres créatures ; si nous reconnaissons que, par le mélange et l'action des éléments, ces êtres animés sont entretenus et reçoivent tout ce qui leur est nécessaire, conformément à leur nature ; si nous considérons ensuite les rapports qui se trouvent entre notre terre et les corps célestes, la conformité, la convenance, l'accord merveilleux qui règnent entre tous les globes mis à la portée de nos regards, nous serons de plus en plus remplis d'admiration à la vue de l'ordre et de la beauté de la nature entière. Mais tout ce que nous connaissons de l'ordre et de l'harmonie du monde corporel, n'est qu'un faible rayon, si on le compare à cette grande lumière de l'éternité, où la sagesse divine, qui, à tant d'égards, nous est impénétrable aujourd'hui, nous sera manifestée avec infiniment plus de clarté et d'éclat.

Si le monde était l'ouvrage du hasard, nous verrions de temps en temps de nouvelles productions. Pourquoi donc ne nous offre-t-il pas de nouvelles espèces d'animaux, de plantes, de minéraux? C'est qu'il est arrangé par une intelligence suprême. Tout ce qu'elle fait est si bien fait, qu'il n'a pas besoin d'être renouvelé ; qu'une nouvelle création est inutile. Ce qui existe suffit pour nos besoins et nos plaisirs. Rien n'est l'effet du hasard : tous les événements ont été déterminés dans les conseils du Très-Haut. L'édifice du monde se conserve par le gouvernement de son Créateur, et par le concours des lois tant générales que particulières.

Le firmament, au-dessus de nos têtes, et la terre, sous nos pieds, restent les mêmes de siècle en siècle ; et cependant ils nous donnent de temps à autre des spectacles aussi variés que superbes. Tantôt le ciel est couvert de nuages, tantôt il est serein ; souvent il offre à nos yeux une magnifique voûte d'azur ; quelquefois il est peint des couleurs les plus diversifiées. Les ténèbres de la nuit et la clarté du jour, les feux éclatants du soleil et la lueur pâle de la lune, se succèdent plus régulièrement. L'espace incommensurable qu'ils parcourent paraît tantôt désert, tantôt semé d'un nombre infini d'étoiles. Et de combien de changements, de combien de révolutions la terre n'est-elle pas le théâtre ! Pendant quelques mois, uniforme et sans parure, la rigueur de l'hiver lui ravit sa beauté ; bientôt le printemps vient, en quelque sorte, la rajeunir à nos yeux ; l'été nous la montre plus belle et plus riche encore ; et après quelques mois, l'automne lui fera répandre de son sein fertile les fruits de toute espèce.

Quelle variété, d'ailleurs, d'une contrée à une autre !

Ici, dans un terrain uni, s'offrent des plaines dont l'œil ne peut embrasser les limites ; là, s'élèvent de hautes montagnes couronnées de forêts ; à leurs pieds, de fertiles vallons sont arrosés par des ruisseaux et des rivières. Ici, des gouffres et des précipices ; là, des lacs dont les eaux sont immobiles ; plus loin, des torrents impétueux ; de tous côtés, une variété qui récrée les yeux et ouvre le cœur au sentiment d'une joie douce et pure.

Le même assemblage d'uniformité et de diversité se retrouve dans tous les végétaux de notre globe ; ils tiennent tous de leur mère commune et la même nature et la même nourriture. Cependant quelle prodigieuse différence entre un brin d'herbe et le chêne ! Rangés sous certaines classes, ceux de la même espèce ont, il est vrai, beaucoup de ressemblance ; et néanmoins, combien de différence entre les uns et les autres !

La sagesse du Créateur a également partagé les animaux en des classes différentes. Toutes conservent entre elles des rapports essentiels : il y a même un certain degré de conformité entre l'être raisonnable et l'animal de l'espèce la plus inférieure. Quelque élevé que soit l'homme par rapport à la brute, n'a-t-il pas en commun avec elle, et même avec les plantes, les mêmes moyens de nourriture? N'est-ce pas le soleil, l'air, la terre et les eaux qui la fournissent à tous? Et néanmoins, s'ils se rapprochent à quelques égards, par combien d'endroits aussi ne diffèrent-ils pas infiniment les uns des autres!

Si nous examinons maintenant les variétés de notre espèce, quel étonnant assemblage de conformités et de diversités? La nature humaine, dans tous les temps, chez tous les peuples, est la même. Et cependant, parmi cette multitude innombrable d'hommes répandus sur la terre, chaque individu a une figure qui lui est propre, une physionomie et des talents particuliers. Il semble que le Créateur ait voulu mettre dans ses œuvres la plus grande variété compatible avec la structure essentielle et particulière à chaque espèce.

Toutes les créatures de notre globe se divisent en trois classes, les minéraux, les végétaux, les animaux. Ces classes se sous-divisent en genres, les genres en espèces, celles-ci en un nombre infini d'individus. Aussi n'est-il point sur la terre de créature parfaitement isolée;

Homme blanc.

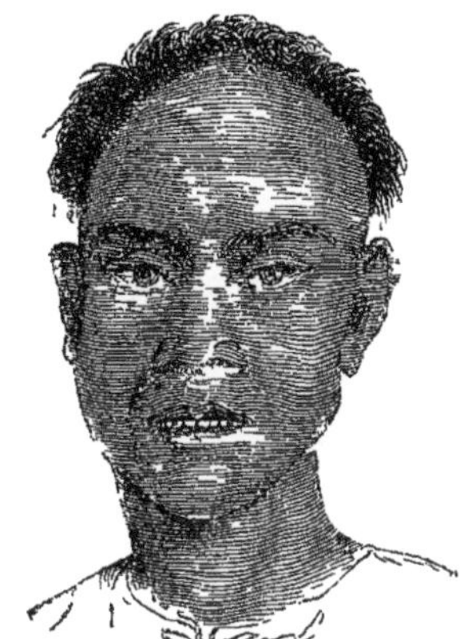

Homme jaune.

Homme noir.

Homme rouge.

il n'est point d'espèce particulière qui n'ait une sorte de connexion avec les autres.

De cet assemblage d'uniformité et de diversité, dérivent l'ordre et la beauté de l'univers. La différence qui a lieu entre les créatures de notre globe démontre la sagesse du Très-Haut, qui a tellement fixé la destination de tous les êtres, qu'il serait impossible d'anéantir les rapports et les oppositions qu'il a mis entre eux. Les plus petits ouvrages de la nature offrent tant d'unité et de variété, qu'ils élèvent nécessairement notre âme à la contemplation de la sagesse infinie.

Ce qu'on appelle la nature est une chaîne indéfinie de causes et d'effets, liés ensemble par le premier Être, le souverain moteur. Et comme toutes les parties de l'univers sont en rapport les unes avec les autres, chaque mouvement, chaque événement, dépend d'une cause unique et des effets qui lui succèdent. Toute la constitution du monde est propre à nous convaincre que ce n'est point le hasard, mais un art divin, qui d'abord a élevé cet étonnant édifice, imprimé le mouvement à ses différentes parties, fixé leurs rapports innombrables, déterminé la grande chaîne d'événements dépendants l'un de l'autre; en sorte que l'univers est fait d'après un plan unique, et démontre par l'ensemble de ses parties et par l'unité de dessein la sagesse de son auteur.

Le degré de connaissances nécessaires pour en juger ainsi n'est pas difficile à acquérir ; car, bien que celles que nous avons de la nature soient renfermées dans d'assez étroites limites, nous ne laissons pas de voir une multitude d'importants effets dériver de causes qui sont sensibles pour l'intelligence humaine et qui s'enchaînent les unes avec les autres.

Bornons-nous ici à certains effets qui tiennent à une même cause : nombre de phénomènes naturels peuvent nous en fournir des exemples. Quelle diversité d'effets ne produit pas visiblement la chaleur du soleil ! Elle contribue à la vie d'une multitude innombrable d'animaux, à la végétation des plantes, à la maturité des fruits, à l'élévation des vapeurs, à la formation des nuages, sans lesquels il ne tomberait ni pluie ni rosée sur la terre.

Qu'ils sont variés les effets que produit l'élément du feu ! Par lui, les corps solides sont fondus et changés en fluides, ou deviennent des corps solides d'une autre espèce ; il met en ébullition les fluides, et les réduit en vapeur ; par lui, la chaleur est distribuée dans tous les corps.

L'air est aussi constitué de manière à remplir à la fois diverses fins. Au moyen de cet élément, les corps animés se conservent ; les poumons se rafraîchissent et purgent le sang de principes nuisibles ; tous les mouvements vitaux acquièrent de la force. C'est l'air qui entretient le feu et qui nourrit la flamme ; c'est l'air qui, par son ébranlement et ses ondulations, conduit le son à notre oreille ; qui donne un libre essor aux animaux ailés et les met en état de voler de lieu en lieu ; qui ouvre à l'homme une route aisée sur les mers, dont, sans lui, il ne pourrait franchir les vastes espaces. C'est par l'air que les nuages se soutiennent dans l'atmosphère, jusqu'à ce que, devenus trop pesants par leur condensation, ils retombent en pluie. Il prolonge le jour, par les crépuscules du matin et du soir. Sans lui, le don de la parole ne pourrait avoir lieu, et le sens de l'ouïe nous deviendrait inutile. Tous ces avantages dépendent de la nature de l'air, dans lequel nous vivons.

et que nous respirons. Ce merveilleux élément, trop subtil pour que nos yeux puissent l'apercevoir, et toutefois d'une force prodigieuse, nous démontre avec évidence la sagesse suprême.

La force de gravité qui se trouve dans tous les corps affermit la terre; elle enchaîne l'Océan dans ses profondeurs et notre globe dans l'orbite que lui prescrit la Providence; elle maintient chaque être à sa place dans la nature, et assigne aux corps célestes les distances qui doivent les séparer.

Comment décrire les diverses utilités de l'eau? Elle sert à dilater, à amollir, à mélanger un grand nombre de corps, dont, sans elle, nous ne pourrions faire usage. Elle est la boisson la plus saine, la meilleure nourriture des plantes; elle fait mouvoir les moulins et plusieurs autres machines; elle nous procure une multitude de poissons, et nous apporte, sur sa surface, les trésors d'un monde nouveau.

Mais ce n'est pas seulement dans le règne de la nature qu'on voit les effets les plus diversifiés provenir de la même cause; souvent, dans le monde moral, un seul penchant de l'âme produit des effets non moins variés.

Prenons-en pour exemple le penchant qui nous porte à aimer nos semblables. C'est de lui que dérivent les soins des parents pour ceux qui leur doivent le jour, l'union sociale, les liaisons d'amitié, le patriotisme, la bonté dans ceux qui gouvernent, la fidélité dans ceux qui obéissent. Ainsi, un seul penchant retient chaque individu dans le cercle qui lui fut tracé : il est le lien de la société humaine, le principe de toutes les actions vertueuses, de toutes les entreprises louables, de toutes les récréations innocentes.

La nature est prodigue envers nous : elle abonde en moyens de pourvoir aux besoins des créatures.

Combien de choses exige l'entretien d'un seul homme pendant une vie de soixante ans seulement ! Que ne lui faut-il pas pour se nourrir, se désaltérer, pour le vêtement, pour les douceurs et les commodités de la vie, sans parler des cas extraordinaires et des accidents imprévus ! Depuis le monarque jusqu'au berger, dans tous les états, dans tous les âges ; depuis l'enfant à la mamelle jusqu'au vieillard, chaque homme a ses besoins particuliers ; ce qui convient à l'un, ne convient point à l'autre ; il leur faut à tous des provisions, des aliments, des moyens de subsistance différents. Et cependant la nature suffit à tous les besoins; et chaque individu reçoit d'elle ce qui lui est nécessaire. Depuis l'origine du monde, la terre n'a pas discontinué d'ouvrir son sein ; les mines ne sont point épuisées ; la mer fournit sans cesse la subsistance à une infinité de créatures ; les plantes et les arbres ont toujours des germes qui poussent dans leur temps et qui deviennent fertiles. La bienfaisante nature diversifie ses richesses pour ne pas trop s'épuiser dans un même endroit; et lorsque quelques espèces de plantes, de fruits, viennent à diminuer, elle en produit d'autres, et fait en sorte que le goût des hommes se porte vers les productions les plus abondantes.

La Providence, comme un sage économe, a toujours soin que rien ne se perde. Elle sait tirer parti de tout. Les insectes servent de pâture à de plus grands animaux, et ceux-ci sont toujours utiles à l'homme : s'ils ne le nourrissent point, ils l'habillent; s'ils ne l'habillent point, ils lui fournissent des armes, des moyens de défense; ils lui procurent au moins des remèdes salutaires. Lorsque la contagion diminue quelques espèces, la nature sait réparer cette perte par l'accroissement d'autres espèces. Il n'est pas jusqu'aux cadavres, aux matières putréfiées et corrompues, qu'elle ne mette en œuvre, soit pour la nourriture de quelques insectes, soit pour servir d'engrais à la terre.

Combien la nature est riche en beautés, en agréments! Sa plus belle parure n'exige cependant que de la lumière et des couleurs. Elle en est abondamment pourvue; et le spectacle qu'elle offre est continuellement varié, selon les points de vue où l'on se place. Ici, l'œil est frappé de la beauté des formes; là, l'oreille est charmée par des sons mélodieux; et l'odorat récréé par d'agréables parfums. Ailleurs, l'art vient lui prêter de nouveaux attraits par mille tissus industrieux. Les dons de la nature sont même si abondants, que ceux dont les hommes font le plus grand usage ne manquent jamais. Elle les a distribués par toute la terre; elle les diversifie selon les divers pays; elle prend et elle donne; elle établit, au moyen des fleuves et des mers, des rapports, des liaisons entre les différentes contrées; et ses présents, passant par une infinité de mains, profitent et augmentent de prix par cette circulation continuelle.

Elle combine ses dons et les mélange, comme le pharmacien les ingrédients de ses remèdes. Sous sa main, le grand et le petit, le beau et le laid, le vieux et le nouveau, forment un ensemble égalcment agréable et utile. Telles sont, par l'ordre de la Providence, les inépuisables richesses de cette nature, qui se plaît à nous les prodiguer.

Les animaux mêmes dont le soin nous est confié ne doivent proprement qu'à elle leur nourriture : l'herbe qui croît sans qu'on la sème, fait leur principal aliment. La race entière des poissons subsiste sans le secours de l'homme : les forêts produisent des glands sans culture ; les prairies et les montagnes, de l'herbe ; et les champs, de l'ivraie. Entre les oiseaux, l'espèce la plus méprisée, et peut-être la plus nombreuse, est celle des moineaux. La France, avec le produit de ses vastes campagnes, serait trop pauvre pour les nourrir l'espace d'une année. C'est la nature qui, de son immense magasin, tire ce qui est nécessaire à leur subsistance ; et cependant ils ne font que la moindre partie de ses nourrissons. Le nombre des insectes est si grand, que des siècles s'écouleront peut-être avant qu'on en puisse déterminer les classes et les espèces. Quelle multitude de moucherons ! Que d'espèces différentes parmi ces petits animaux dont nous sentons la piqûre et que nous voyons voltiger dans les airs ! Le sang qu'ils nous dérobent est pour eux une nourriture très-accidentelle ; et l'on peut supposer que, pour un moucheron qui s'en repaît, il en est des millions qui ne se sont jamais abreuvés du sang d'aucun animal. De quoi vivent toutes ces créatures ? Il n'est pas une poignée de terre qui ne renferme des insectes vivants ; et ils s'y nourrissent, ne fût-ce que des débris d'autres insectes. Chaque goutte d'eau contient des milliers de créatures, dont les moyens de subsistance, ainsi que leur multiplication, sont incompréhensibles.

Aussi immensément riche qu'est la nature en êtres vivants, aussi féconde est-elle en moyens de les conserver ; ou plutôt, c'est le Créateur qui a versé en elle cette source inépuisable de richesses. Par lui, chaque créature trouve ses aliments et sa demeure. C'est pour elles qu'il fait croître l'herbe sur la terre, laissant au choix de chacune ce qui lui convient. Aucune n'est assez méprisable à ses yeux pour qu'il dédaigne de jeter sur elle un regard d'amour et de pourvoir à ses besoins ; et c'est en cela que se manifeste la grandeur du Tout-Puissant. Ce qu'aucun homme, aucun monarque, ce que tous les hommes et tous les monarques ensemble seraient incapables d'exécuter, le Créateur le fait ; il rassasie tous les animaux ; il repaît les petits du corbeau ; il nourrit tous les insectes qui vivent dans l'air, dans l'eau et sur la terre.

Eh ! ne ferait-il pas pour toi ce qu'il fait pour eux, ô homme de peu de foi ? Si jamais le doute ou l'inquiétude vient à s'élever dans ton âme, considère les créatures dont il prend un soin journalier. Que les oiseaux qui sont sous le ciel, les bêtes sauvages qui habitent les déserts, et ces millions d'êtres dont nul homme ne prend soin, deviennent tes maîtres dans l'art de vivre content.

FIN.

TABLE.

Rouen. — Imp. MEGARD et Cᵉ, rue Saint-Hilaire, 136.

www.ingramcontent.com/pod-product-compliance
Ingram Content Group UK Ltd.
Pitfield, Milton Keynes, MK11 3LW, UK
UKHW020158250726
13967UKWH00003B/1142

9 782011 934451